수포유
나의 수학 사춘기 워크북

초판 1쇄 발행 2018년 6월 20일

지은이	차길영
기획	tvN 〈나의 수학 사춘기〉 제작팀
발행인	이한우
총괄	한상훈
편집장	김기운

기획편집 김혜영, 정혜림 **디자인** 이선미, 성화숙 **마케팅** 신대섭
연구 김미선, 송영지 **감수** 김상희, 장새하

발행처	주식회사 교보문고
등록	제406-2008-000090호(2008년 12월 5일)
주소	경기도 파주시 문발로 249
전화	대표전화 02)1544-1900
주문	02)3156-3686
팩스	0502)987-5725

ISBN 979-11-5909-644-0   04410

+ 너를 위한 세로 수학 ÷

√수포류

차길영 지음

공동 기획 나의 √수학 사춘기 워크북

교보문고

수학의 두려움이
즐거움으로 바뀌는
마술

많은 사람들에게 수학은 부담스럽고 두려운 과목입니다. 곱셈을 하려면 덧셈을 알아야 하고 나눗셈을 하려면 뺄셈을 알아야 하는 것처럼, 수학은 기존에 배운 내용을 확장하고 축적해야 앞으로 나아갈 수 있는 과목입니다. 이것을 수학의 계통성이라고 합니다. 때문에 수학은 중간에 한 번 놓치면 다시 공부하기가 쉽지 않습니다. 수학을 포기한 사람들을 보면 중간에 그 흐름을 놓쳐 수학에 대한 두려움을 갖게 된 경우가 많습니다.

수학을 너무나 사랑하고 가르치는 것을 즐기는 수학 강사로서 수학을 싫어하고 두려워하는 사람들을 볼 때마다 안타까운 마음이 듭니다. 저는 사람들에게 수학이 얼마나 재미있는지, 그리고 얼마나 삶을 풍성하게 해주는지를 알게 해주고 싶었습니다. 이를 위해 오랜 시간 수학의 진입장벽을 낮추고 왕초보들의 눈높이에 맞춰 쉽게 수학을 풀어낼 수 있는 교수법을 연구해 왔습니다.

수학을 학년별 학기별로 나눠진 교육과정으로만 학습하면 전반적인 흐름을 파악하기 어렵습니다. 하지만 영역별로 접근해 핵심적인 흐름만 잡을 수 있다면 수학의 계통성을 짧은 시간에 확실히 파악할 수 있고 수학에 대한 두려움은 흥미로 바뀌게 될 것입니다.

수학이 고민인 당신, 그동안 계획만 세우고 제대로 실천하지 못한 당신, 어디서부터 손대야 할지 모른 채 수학을 포기한 당신. 당신을 위한 수학 교재가 바로 여기 있습니다. 수포유(나의 수학 사춘기 워크북)는 당신에게 수학을 가장 흥미롭고 재미있게 공부할 수 있는 특별한 기회를 안겨드릴 것입니다. 수학, 기본만 제대로 안다면 결코 어렵지 않습니다. 수학의 마술사 차길영과 함께 그동안 느껴보지 못한 수학의 기쁨을 경험해보세요!

수포유
(나수사 워크북)
강의 및
교재 특징

1. 한 강의당 20분으로 구성되어 부담 없이 집중력 있는 학습이 가능합니다.

2. 수학에 기초가 되는 50가지 핵심 주제를 3주 안에 학습할 수 있습니다.

3. 수학을 계통별로 정리하여 학년 구분 없이 전 영역을 체계적으로 단기간에 학습할 수 있습니다.

4. 개념을 익힐 수 있는 기본 문제 위주로 구성하여 개념을 탄탄하게 다질 수 있습니다.

5. 예습 및 복습에 가장 효과적인 교재 구성으로 핵심 개념을 쉽게 익힐 수 있습니다.

6. 친숙한 연예인과 함께 수업에 참여하고 함께 성장해나가는 기쁨을 누릴 수 있습니다.

　

수포유(나수사 워크북)는 초·중·고등학생은 물론 어떤 이유로든 수학을 다시 공부하고자 하는 모든 학습자에게 단기간에 그 목표를 이룰 발판이 되어줄 것입니다. 아직 늦지 않았습니다! 지금 당장 시작해보세요!

수학의 마술사 차길영

차 례

이 책의 구성과 특징

1. intro

각 영역을 공부하기 전 알아야 할 기본 지식을 정리하였습니다. 처음부터 어려운 공식이 빼곡한 일반 개념 교재가 부담스러웠다면 워밍업 하듯 가볍게 공부를 시작해보세요.

2. 개념

수학의 기본 개념 중 알아야 할 50가지 주제를 이해하기 쉽게 정리하였습니다. 중요한 문장 또는 공식은 형광색으로 강조하였고 참고, 주의, tip, 기호 등을 통하여 좀더 상세하게 개념을 학습할 수 있도록 구성하였습니다.

3. 예

다양한 예를 통해 개념을 효과적으로 확인할 수 있습니다. 일반 교재의 예가 부족했다면 보다 많은 예를 통해 충분한 연습이 가능합니다.

4. 문제

학습한 개념을 적용해볼 기본 문제 위주로 구성하여 개념을 보다 완벽하게 익힐 수 있도록 하였습니다.

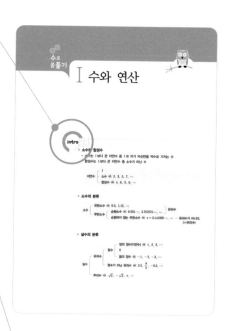

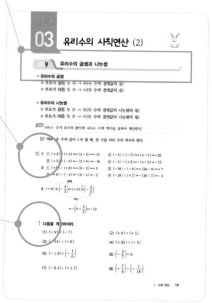

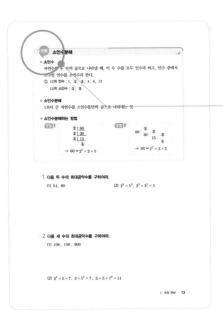

5. 보충

개념을 이해하는 데 도움이 되는 내용을 선별하여 수록하였습니다. 다른 교재를 찾을 필요 없이 필요한 모든 내용을 한 번에 확인할 수 있습니다.

6. Plus

보다 심화된 내용이 궁금하다면, 선택적으로 응용 개념을 학습할 수 있습니다.

I 수와 연산

▶ **소수와 합성수**

‒ 소수는 1보다 큰 자연수 중 1과 자기 자신만을 약수로 가지는 수

‒ 합성수는 1보다 큰 자연수 중 소수가 아닌 수

$$\text{자연수} \begin{cases} 1 \\ \text{소수 예 } 2,\ 3,\ 5,\ 7,\ \cdots \\ \text{합성수 예 } 4,\ 6,\ 8,\ 9,\ \cdots \end{cases}$$

▶ **소수의 분류**

$$\text{소수} \begin{cases} \text{유한소수 예 } 0.3,\ 1.12,\ \cdots \\ \text{무한소수} \begin{cases} \text{순환소수 예 } 0.555\cdots,\ 3.757575\cdots,\ \cdots \\ \text{순환하지 않는 무한소수 예 } \pi = 3.141592\cdots,\ \cdots \end{cases} \end{cases}$$

유리수

— 유리수가 아니다.
(=무리수)

▶ **실수의 분류**

$$\text{실수} \begin{cases} \text{유리수} \begin{cases} \text{정수} \begin{cases} \text{양의 정수(자연수) 예 } 1,\ 2,\ 3,\ \cdots \\ 0 \\ \text{음의 정수 예 } -1,\ -2,\ -3,\ \cdots \end{cases} \\ \text{정수가 아닌 유리수 예 } 2.5,\ \dfrac{8}{5},\ -0.3,\ \cdots \end{cases} \\ \text{무리수 예 } \sqrt{2},\ -\sqrt{3},\ \pi,\ \cdots \end{cases}$$

01 최대공약수와 최소공배수

001 최대공약수

● **공약수와 최대공약수**

▷ 공약수 : 두 개 이상의 자연수의 공통인 약수

▷ 최대공약수 : 공약수 중에서 가장 큰 수

(예) 16의 약수 : | 1 | 2 | 4 | 8 | 16 |

20의 약수 : | 1 | 2 | 4 | 5 | 10 | 20 |

➡ ┌ 16과 20의 공약수 : 1, 2, 4 ┐ 최대공약수 4의 약수
　 └ 16과 20의 최대공약수 : 4 ┘

002 최대공약수 구하기

● **24, 30의 최대공약수 구하기**

방법 1 24의 약수 : | 1 | 2 | 3 | 4 | 6 | 8 | 12 | 24 |

30의 약수 : | 1 | 2 | 3 | 5 | 6 | 10 | 15 | 30 |

∴ 최대공약수 : 6

방법 2
$$
\begin{array}{r}
2\,)\ \underline{24\quad 30} \\
3\,)\ \underline{12\quad 15} \\
4\quad\ \ 5
\end{array}
$$
최대공약수 : 2×3

방법 3
$$24 = 2^{3} \times 3^{1}$$
$$30 = 2^{1} \times 3^{1} \times 5$$
최대공약수 : $2^{1} \times 3^{1}$

● **45, 60, 75의 최대공약수 구하기**

방법 1 45의 약수 : | 1 | 3 | 5 | 9 | 15 | 45 |

60의 약수 : | 1 | 2 | 3 | 4 | 5 | 6 | 10 | 12 | 15 | 20 | 30 | 60 |

75의 약수 : | 1 | 3 | 5 | 15 | 25 | 75 |

∴ 최대공약수 : 15

방법 2

$$
\begin{array}{r|rrr}
3 & 45 & 60 & 75 \\
5 & 15 & 20 & 25 \\
\hline
& 3 & 4 & 5
\end{array}
$$

최대공약수 : 3×5

방법 3

$$
\begin{aligned}
45 &= 3^2 \times 5^1 \\
60 &= 2^2 \times 3^1 \times 5^1 \\
75 &= 3^1 \times 5^2 \\
\hline
\end{aligned}
$$

최대공약수 : $3^1 \times 5^1$

참고 거듭제곱 : 같은 수나 문자를 거듭하여 곱한 것을 간단히 나타낸 것

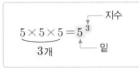

$\underbrace{5 \times 5 \times 5}_{3개} = 5^3$ ← 지수 / ← 밑

참고 서로소 : 1 이외에 공약수를 갖지 않는 두 자연수

(예) 5와 7, 3과 8

보충 소인수분해

● **소인수**

자연수를 두 수의 곱으로 나타낼 때, 이 두 수를 모두 인수라 하고, 인수 중에서 소수인 인수를 소인수라 한다.

(예) 12의 인수 : 1, **2** , **3** , 4, 6, 12

12의 소인수 : **2** , **3**

● **소인수분해**

1보다 큰 자연수를 소인수들만의 곱으로 나타내는 것

● **소인수분해하는 방법**

방법 1

$$
\begin{array}{r|r}
2 & 60 \\
2 & 30 \\
3 & 15 \\
\hline
& 5
\end{array}
$$

→ $60 = 2^2 \times 3 \times 5$

방법 2

$$
60 \big< {2 \atop 30} \big< {2 \atop 15} \big< {3 \atop 5}
$$

→ $60 = 2^2 \times 3 \times 5$

01 다음 두 수의 최대공약수를 구하여라.

(1) 54, 90

(2) $2^3 \times 5^2$, $2^2 \times 3^2 \times 5$

02 다음 세 수의 최대공약수를 구하여라.

(1) 108, 150, 900

(2) $3^2 \times 5 \times 7$, $3 \times 5^2 \times 7$, $3 \times 5 \times 7^2 \times 11$

003 최소공배수

● **공배수와 최소공배수**

▷ 공배수 : 두 개 이상의 자연수의 공통인 배수

▷ 최소공배수 : 공배수 중에서 가장 작은 수

예 6의 배수 :

6	12	18	24	30	36	42	48	⋯

8의 배수 :

8	16	24	32	40	48	56	64	⋯

➡ ┌ 6과 8의 공배수 : 24, 48, ⋯ ◀── 최소공배수 24의 배수
   └ 6과 8의 최소공배수 : 24

4 최소공배수 구하기

● 18, 30의 최소공배수 구하기

방법 1 18의 배수 : 18 36 54 72 90 108 126 …

30의 배수 : 30 60 90 120 150 180 210 …

∴ 최소공배수 : 90

방법 2

$$2 \,)\, \underline{18 \quad 30}$$
$$3 \,)\, \underline{\;\;9 \quad 15}$$
$$\quad\;\; 3 \quad\;\; 5$$

최소공배수 : $2 \times 3^2 \times 5$

방법 3

$$18 = 2^1 \times 3^2$$
$$30 = 2^1 \times 3^1 \times 5$$

최소공배수 : $2^1 \times 3^2 \times 5$

● 8, 12, 18의 최소공배수 구하기

방법 1 8의 배수 : 8 16 24 32 40 48 56 64 72 …

12의 배수 : 12 24 36 48 60 72 84 96 108 …

18의 배수 : 18 36 54 72 90 108 126 144 162 …

∴ 최소공배수 : 72

방법 2

$$2 \,)\, \underline{8 \quad 12 \quad 18}$$
$$2 \,)\, \underline{4 \quad\; 6 \quad\;\, 9}$$
$$3 \,)\, \underline{2 \quad\; 3 \quad\;\, 9}$$
$$\quad\; 2 \quad\; 1 \quad\;\, 3$$

최소공배수 : $2^3 \times 3^2$

방법 3

$$8 = 2^3$$
$$12 = 2^2 \times 3^1$$
$$18 = 2^1 \times 3^2$$

최소공배수 : $2^3 \times 3^2$

03 다음 두 수의 최소공배수를 구하여라.

(1) 36, 84

(2) $2^2 \times 3 \times 7$, $2 \times 5 \times 7^2$

04 다음 세 수의 최소공배수를 구하여라.

(1) 98, 126, 210

(2) $2^2 \times 5^2$, $2 \times 3^2 \times 5^3$, $2^3 \times 5^3 \times 7$

02 유리수의 사칙연산 (1)

005   유리수의 덧셈

- **부호가 같은 두 수** → 공통부호(두 수의 절댓값의 합)
- **부호가 다른 두 수** → 절댓값이 큰 수의 부호(두 수의 절댓값의 차)

참고 절댓값 : 수직선 위에서 어떤 수를 나타내는 점과 원점 사이의 거리

기호 | |

예   1 $(+5)+(+2)=+(5+2)=+7$ 2 $(-5)+(-2)=-(5+2)=-7$

     3   $(+5)+(-2)=+(5-2)=+3$ 4 $(-5)+(+2)=-(5-2)=-3$

01 다음을 계산하여라.

(1) $(+14)+(+7)$

(2) $(-8)+(-3)$

(3) $(+4)+(-9)$

(4) $(-5)+(+11)$

(5) $\left(-\dfrac{5}{9}\right)+\left(+\dfrac{4}{9}\right)$

(6) $\left(-\dfrac{1}{6}\right)+\left(-\dfrac{5}{6}\right)$

(7) $\left(+\dfrac{3}{5}\right)+\left(+\dfrac{1}{10}\right)$

(8) $\left(-\dfrac{5}{2}\right)+\left(+\dfrac{4}{3}\right)$

(9) $(+1.3)+(-4.7)$

(10) $\left(-\dfrac{2}{5}\right)+(+5.2)$

덧셈의 계산 법칙

세 수 a, b, c에 대하여

● **덧셈의 교환법칙** : $a+b=b+a$

→ 두 수의 순서를 바꾸어 더하여도 그 결과는 같다.

● **덧셈의 결합법칙** : $(a+b)+c=a+(b+c)$

→ 세 수의 덧셈에서 어느 두 수를 먼저 더하여도 그 결과는 같다.

예 1 $(-5)+(+2)=-3$
$(+2)+(-5)=-3$ ⎫ 같다.

2 $\{(-5)+(+2)\}+(-4)=(-3)+(-4)=-7$
$(-5)+\{(+2)+(-4)\}=(-5)+(-2)=-7$ ⎫ 같다.

006 유리수의 뺄셈

두 수의 뺄셈은 빼는 수의 부호를 바꾸어 덧셈으로 고쳐서 계산한다.

예 1 $(+5)-(+2)=(+5)+(-2)$
$\qquad\qquad =+(5-2)$
$\qquad\qquad =+3$

2 $(+5)-(-2)=(+5)+(+2)$
$\qquad\qquad =+(5+2)$
$\qquad\qquad =+7$

02 다음을 계산하여라.

(1) $(+6)-(+5)$

(2) $(-13)-(+4)$

(3) $(-8)-(-4)$

(4) $(+3)-(+9)$

(5) $\left(-\dfrac{3}{8}\right)-\left(+\dfrac{5}{8}\right)$

(6) $\left(+\dfrac{2}{3}\right)-\left(-\dfrac{5}{3}\right)$

(7) $\left(+\dfrac{5}{9}\right)-\left(-\dfrac{2}{3}\right)$

(8) $\left(-\dfrac{2}{5}\right)-\left(+\dfrac{1}{4}\right)$

(9) $(-0.5)-(+2.3)$

(10) $(+2.5)-(+1.8)$

007 덧셈과 뺄셈의 혼합 계산

① 뺄셈을 모두 덧셈으로 바꾼다.
② 덧셈의 교환법칙과 결합법칙을 이용하여 계산한다.

예 $(-13)+(+4)-(+3)$
$= (-13)+(+4)+(-3)$ 뺄셈을 덧셈으로 바꾸기
$= (-13)+(-3)+(+4)$ 덧셈의 교환법칙
$= \{(-13)+(-3)\}+(+4)$ 덧셈의 결합법칙
$= (-16)+(+4) = -12$

03 다음을 계산하여라.

(1) $(-4)+(+10)-(+7)$

(2) $(+11)-(-3)+(-9)$

(3) $\left(-\dfrac{3}{5}\right)-\left(+\dfrac{7}{10}\right)+\left(+\dfrac{8}{5}\right)$

(4) $(-1.2)+(-4.1)-(+2.3)$

008 부호가 생략된 수의 덧셈과 뺄셈의 혼합 계산

① 생략된 양의 부호 +를 넣는다.
② 뺄셈을 덧셈으로 바꾸어 계산한다.

예 $-1+7-5$
$= (-1)+(+7)-(+5)$ 생략된 양의 부호 넣기
$= (-1)+(+7)+(-5)$ 뺄셈을 덧셈으로 바꾸기
$= (-1)+(-5)+(+7)$ 덧셈의 교환법칙
$= \{(-1)+(-5)\}+(+7)$ 덧셈의 결합법칙
$= (-6)+(+7) = +1$

04 다음을 계산하여라.

(1) $6-15+3$

(2) $10-3+12$

(3) $\dfrac{3}{5}+\dfrac{1}{3}-\dfrac{2}{15}$

(4) $0.7-1-0.2$

03 유리수의 사칙연산 (2)

009 유리수의 곱셈과 나눗셈

● **유리수의 곱셈**
▷ 부호가 **같은** 두 수 ➡ **+**(두 수의 절댓값의 곱)
▷ 부호가 **다른** 두 수 ➡ **−**(두 수의 절댓값의 곱)

● **유리수의 나눗셈**
▷ 부호가 **같은** 두 수 ➡ **+**(두 수의 절댓값의 나눗셈의 몫)
▷ 부호가 **다른** 두 수 ➡ **−**(두 수의 절댓값의 나눗셈의 몫)

> **Tip** 나누는 수가 분수의 꼴이면 나누는 수의 역수를 곱하여 계산한다.

참고 역수 : 두 수의 곱이 1이 될 때, 한 수를 다른 수의 역수라 한다.

예 1 ① $(+3) \times (+5) = +(3 \times 5) = +15$ ② $(-5) \times (-7) = +(5 \times 7) = +35$
③ $(+2) \times (-8) = -(2 \times 8) = -16$ ④ $(-4) \times (+3) = -(4 \times 3) = -12$

2 ① $(+9) \div (+3) = +(9 \div 3) = +3$ ② $(-56) \div (-8) = +(56 \div 8) = +7$
③ $(+8) \div (-4) = -(8 \div 4) = -2$ ④ $(-28) \div (+7) = -(28 \div 7) = -4$

3 $(+8) \div \left(-\dfrac{2}{3}\right) = (+8) \overset{\text{곱셈}}{\times} \left(-\dfrac{3}{2}\right)$

$$= -\left(\overset{4}{\cancel{8}} \times \frac{3}{\underset{1}{\cancel{2}}}\right) = -12$$

01 다음을 계산하여라.

(1) $(-9) \times (-7)$

(2) $(+8) \times (+5)$

(3) $(-54) \div (+6)$

(4) $(+35) \div (-5)$

(5) $(-1.8) \times \left(-\dfrac{1}{6}\right)$

(6) $\left(-\dfrac{2}{7}\right) \times 0$

(7) $(-3.4) \div (+1.7)$

(8) $\left(+\dfrac{7}{6}\right) \div \left(-\dfrac{1}{18}\right)$

● 곱셈에 대한 교환법칙, 결합법칙

세 수 a, b, c에 대하여

▷ 곱셈의 교환법칙 : $a \times b = b \times a$

　→ 두 수의 순서를 바꾸어 곱하여도 그 결과는 같다.

▷ 곱셈의 결합법칙 : $(a \times b) \times c = a \times (b \times c)$

　→ 세 수의 곱셈에서 어느 두 수를 먼저 곱하여도 그 결과는 같다.

● 분배법칙

세 수 a, b, c에 대하여

$a \times (b + c) = a \times b + a \times c$, $(a + b) \times c = a \times c + b \times c$

예

1　① $(-5) \times (+2) = -10$ ⎤ 같다.
　　　$(+2) \times (-5) = -10$ ⎦

② $\{(-5) \times (+2)\} \times (-4) = +40$ ⎤ 같다.
　$(-5) \times \{(+2) \times (-4)\} = +40$ ⎦

2　① $2 \times (3 + 5) = 16$ ⎤ 같다.
　　$2 \times 3 + 2 \times 5 = 16$ ⎦

② $(2 + 3) \times 5 = 25$ ⎤ 같다.
　$2 \times 5 + 3 \times 5 = 25$ ⎦

02 다음을 계산하여라.

(1) $(-1) \times (-1) \times (-1)$

(2) $2 \times (-2) \times 5$

(3) $(-5) \times 9 \times (-0.4)$

(4) $\left(-\dfrac{4}{5}\right) \times \dfrac{5}{8} \times 10$

(5) $(-4)^2$

(6) -6^2

(7) $5^2 \times (-2)^2$

(8) $(-3)^2 \times (-3^2)$

(9) $(-1)^5 \times \left(-\dfrac{5}{2}\right)^2$

(10) $\left(-\dfrac{1}{2}\right)^3 \times \left(\dfrac{3}{2}\right)^2$

03 다음을 계산하여라.

(1) $9 \div \left(-\dfrac{5}{6}\right) \times \dfrac{8}{9}$

(2) $\left(-\dfrac{5}{12}\right) \div (-3) \times 3.2$

(3) $8 \times (-3)^2 \div 18$

(4) $2^2 \times (-3^2) \div (-5)^2$

(5) $\left(-\dfrac{2}{3}\right) \times \left(-\dfrac{3}{4}\right)^2 \div \left(-\dfrac{9}{8}\right)$

(6) $(-0.5)^3 \div \left(-\dfrac{3}{2}\right)^2 \times 6$

010 덧셈, 뺄셈, 곱셈, 나눗셈의 혼합 계산

① 거듭제곱을 먼저 계산한다.

② 괄호가 있으면 ( ) → { } → [ ] 순서로 계산한다.

③ 곱셈과 나눗셈을 먼저 계산한 후 덧셈과 뺄셈을 계산한다.

예 $2 - \left[\left\{(-3)^2 - 9 \div \dfrac{3}{2}\right\} + 1\right] = 2 - \left\{\left(9 - 9 \times \dfrac{2}{3}\right) + 1\right\} = 2 - \{(9 - 6) + 1\}$
$= 2 - (3 + 1) = 2 - 4 = -2$

04 다음을 계산하여라.

(1) $4 - \{6 \div (3 - 1) + 5\} \times 2$

(2) $10 \div \left\{(-1)^5 \times 3 + 2\right\} + 1$

(3) $5 - 2 \times \left\{(-2)^4 + 4 \div \left(-\dfrac{2}{5}\right)\right\}$

04 제곱근의 뜻과 성질

011 제곱근

- 어떤 수 x를 제곱하여 음이 아닌 수 a가 될 때, x를 a의 제곱근이라 한다.
- 제곱근은 $\sqrt{}$ (근호)를 사용하여 나타내고 '제곱근' 또는 '루트'라 읽는다.
- 양수 a의 제곱근 중에서
  양수인 것을 'a의 양의 제곱근 ($\sqrt{a}$)',
  음수인 것을 'a의 음의 제곱근 ($-\sqrt{a}$)'이라 한다.

$$x^2 = a$$
x 는 a 의 제곱근

참고 제곱근의 개수

수	제곱근의 개수
양수	2
0	1
음수	없다.

01 다음을 구하여라.

(1) 제곱하여 1이 되는 수

(2) 4의 음의 제곱근

(3) $x^2 = 13$이 되는 x의 값

(4) 0의 제곱근

(5) -2의 제곱근

(6) 2.5의 양의 제곱근

(7) 제곱근 $\dfrac{7}{5}$

(8) 0.64의 제곱근

02 다음 수를 근호를 사용하지 않고 나타내어라.

(1) $\sqrt{49}$

(2) $-\sqrt{\dfrac{1}{16}}$

(3) $\pm\sqrt{169}$

(4) $\sqrt{0.09}$

(5) $-\sqrt{36}$

(6) $-\sqrt{\dfrac{144}{25}}$

$a > 0$ 일 때,

● $(\sqrt{a})^2 = a$, $(-\sqrt{a})^2 = a$

● $\sqrt{a^2} = a$, $\sqrt{(-a)^2} = a$

🔊 예 1 $(\sqrt{2})^2 = 2$ 2 $(-\sqrt{2})^2 = 2$ 3 $\sqrt{2^2} = 2$ 4 $\sqrt{(-2)^2} = 2$

03 다음 값을 구하여라.

(1) $\left(\sqrt{\dfrac{1}{2}}\right)^2$ (2) $\left(-\sqrt{\dfrac{5}{3}}\right)^2$ (3) $-\left(-\sqrt{0.2}\right)^2$

(4) $-\sqrt{(0.05)^2}$ (5) $\sqrt{\left(-\dfrac{4}{7}\right)^2}$ (6) $-\sqrt{(-1.3)^2}$

04 다음을 계산하여라.

(1) $(-\sqrt{12})^2 \times \sqrt{3^2}$

(2) $\sqrt{100} - \sqrt{(-13)^2} + (-\sqrt{2})^2$

Plus 🔆 근호 안이 문자인 경우 제곱근의 성질 🍃

모든 수 a에 대하여

$$\sqrt{a^2} = |a| = \begin{cases} a & (a \geq 0) \\ -a & (a < 0) \end{cases}$$

🔊 예 1 $a > 0$일 때, $\sqrt{(-a)^2}$에서 $-a < 0$이므로 $\sqrt{(-a)^2} = -(-a) = a$

2 $a < 0$일 때, $\sqrt{a^2}$에서 $a < 0$이므로 $\sqrt{a^2} = -a$

3 $a > 1$일 때, $\sqrt{(a-1)^2}$에서 $a-1 > 0$이므로 $\sqrt{(a-1)^2} = a-1$

05 근호를 포함한 식의 계산 (1)

013 제곱근의 곱셈과 나눗셈

$a > 0$, $b > 0$이고 m, n이 유리수일 때,

- $\sqrt{a} \times \sqrt{b} = \sqrt{ab}$
- $m\sqrt{a} \times n\sqrt{b} = mn\sqrt{ab}$
- $\sqrt{a} \div \sqrt{b} = \dfrac{\sqrt{a}}{\sqrt{b}} = \sqrt{\dfrac{a}{b}}$
- $m\sqrt{a} \div n\sqrt{b} = \dfrac{m\sqrt{a}}{n\sqrt{b}} = \dfrac{m}{n}\sqrt{\dfrac{a}{b}}$ (단, $n \neq 0$)

예) 1 $\sqrt{2} \times \sqrt{5} = \sqrt{2 \times 5} = \sqrt{10}$

2 $3\sqrt{2} \times 2\sqrt{5} = (3 \times 2) \times \sqrt{2 \times 5} = 6\sqrt{10}$

3 $\sqrt{15} \div \sqrt{3} = \dfrac{\sqrt{15}}{\sqrt{3}} = \sqrt{\dfrac{15}{3}} = \sqrt{5}$

4 $8\sqrt{15} \div 2\sqrt{3} = \dfrac{8\sqrt{15}}{2\sqrt{3}} = \dfrac{8}{2}\sqrt{\dfrac{15}{3}} = 4\sqrt{5}$

01 다음을 간단히 하여라.

(1) $\sqrt{7} \times \sqrt{10}$

(2) $\dfrac{\sqrt{21}}{\sqrt{3}}$

(3) $\sqrt{2} \times \sqrt{3} \times \sqrt{5}$

(4) $\sqrt{15} \times \sqrt{\dfrac{2}{5}}$

(5) $-\sqrt{2} \times 2\sqrt{5}$

(6) $(-7\sqrt{14}) \div (-2\sqrt{2})$

근호가 있는 식의 변형

$a > 0$, $b > 0$일 때,

● $a\sqrt{b} = \sqrt{a^2 \times b} = \sqrt{a^2 b}$

● $\sqrt{a^2 b} = \sqrt{a^2 \times b} = a\sqrt{b}$

● $\sqrt{\dfrac{a}{b^2}} = \dfrac{\sqrt{a}}{\sqrt{b^2}} = \dfrac{\sqrt{a}}{b}$

예 1 $3\sqrt{2} = \sqrt{3^2 \times 2} = \sqrt{18}$

근호 안으로

2 $\sqrt{18} = \sqrt{3^2 \times 2} = 3\sqrt{2}$

근호 밖으로

3 $\sqrt{\dfrac{2}{9}} = \sqrt{\dfrac{2}{3^2}} = \dfrac{\sqrt{2}}{\sqrt{3^2}} = \dfrac{\sqrt{2}}{3}$

02 다음 수를 $\sqrt{a}$ 또는 $-\sqrt{a}$ 의 꼴로 나타내어라.

(1) $2\sqrt{6}$

(2) $-3\sqrt{5}$

(3) $\dfrac{1}{2}\sqrt{7}$

03 다음 수를 $a\sqrt{b}$ 의 꼴로 나타내어라. (단, b는 가장 작은 자연수)

(1) $\sqrt{27}$

(2) $-\sqrt{40}$

(3) $\sqrt{175}$

04 다음 수를 $\sqrt{\dfrac{b}{a}}$ 또는 $-\sqrt{\dfrac{b}{a}}$ 의 꼴로 나타내어라. (단, a와 b는 서로소)

(1) $\dfrac{\sqrt{5}}{3}$

(2) $-\dfrac{\sqrt{7}}{4}$

(3) $\dfrac{\sqrt{30}}{10}$

05 다음 수를 $\dfrac{\sqrt{b}}{a}$ 의 꼴로 나타내어라. (단, b는 가장 작은 자연수)

(1) $\sqrt{\dfrac{17}{4}}$

(2) $\sqrt{0.03}$

(3) $\sqrt{0.7}$

06 근호를 포함한 식의 계산 (2)

015 분모의 유리화

● **분모의 유리화** : 분모가 근호가 있는 무리수일 때, 분모를 유리수로 고치는 것

● $a > 0$, $b > 0$ 이고 c 가 실수일 때,

▷ $\dfrac{a}{\sqrt{b}} = \dfrac{a \times \sqrt{b}}{\sqrt{b} \times \sqrt{b}} = \dfrac{a\sqrt{b}}{b}$

▷ $\dfrac{\sqrt{a}}{\sqrt{b}} = \dfrac{\sqrt{a} \times \sqrt{b}}{\sqrt{b} \times \sqrt{b}} = \dfrac{\sqrt{ab}}{b}$

▷ $\dfrac{a}{b\sqrt{c}} = \dfrac{a \times \sqrt{c}}{b\sqrt{c} \times \sqrt{c}} = \dfrac{a\sqrt{c}}{bc}$

예) 1 $\dfrac{3}{\sqrt{2}} = \dfrac{3 \times \sqrt{2}}{\sqrt{2} \times \sqrt{2}} = \dfrac{3\sqrt{2}}{2}$ 2 $\dfrac{\sqrt{3}}{\sqrt{2}} = \dfrac{\sqrt{3} \times \sqrt{2}}{\sqrt{2} \times \sqrt{2}} = \dfrac{\sqrt{6}}{2}$

3 $\dfrac{\sqrt{3}}{3\sqrt{2}} = \dfrac{\sqrt{3} \times \sqrt{2}}{3\sqrt{2} \times \sqrt{2}} = \dfrac{\sqrt{6}}{6}$

01 다음 수의 분모를 유리화하여라.

(1) $\dfrac{1}{\sqrt{6}}$

(2) $-\dfrac{3}{\sqrt{21}}$

(3) $-\dfrac{\sqrt{5}}{\sqrt{3}}$

(4) $\sqrt{\dfrac{3}{13}}$

(5) $\dfrac{5}{3\sqrt{2}}$

(6) $\dfrac{5\sqrt{3}}{\sqrt{20}}$

016 제곱근의 덧셈과 뺄셈

m, n이 유리수이고 $a > 0$일 때,

- $m\sqrt{a} + n\sqrt{a} = (m+n)\sqrt{a}$
- $m\sqrt{a} - n\sqrt{a} = (m-n)\sqrt{a}$

예 1 $5\sqrt{2} + 3\sqrt{2} = (5+3)\sqrt{2} = 8\sqrt{2}$

$5\sqrt{2} - 3\sqrt{2} = (5-3)\sqrt{2} = 2\sqrt{2}$

2 $\sqrt{2} + \sqrt{8} = \sqrt{2} + 2\sqrt{2} = (1+2)\sqrt{2} = 3\sqrt{2}$ 근호 안에 제곱인 인수가 있으면 밖으로 꺼낸 후 계산한다.

3 $\dfrac{3}{\sqrt{5}} - \sqrt{5} = \dfrac{3 \times \sqrt{5}}{\sqrt{5} \times \sqrt{5}} - \sqrt{5}$ 분모가 무리수이면 분모를 유리화한 후 계산한다.

$\quad\quad = \dfrac{3\sqrt{5}}{5} - \sqrt{5} = -\dfrac{2}{5}\sqrt{5}$

4 $5\sqrt{2} + \sqrt{3} - \sqrt{2} + 2\sqrt{3} = 5\sqrt{2} - \sqrt{2} + \sqrt{3} + 2\sqrt{3}$

$\quad\quad = (5-1)\sqrt{2} + (1+2)\sqrt{3}$

$\quad\quad = 4\sqrt{2} + 3\sqrt{3}$ 여기서 계산 끝!!! 근호 안의 수가 다른 무리수끼리는 더 이상 계산할 수 없다.

02 다음 식을 간단히 하여라.

(1) $\sqrt{3} - \dfrac{2\sqrt{3}}{5}$

(2) $\dfrac{\sqrt{6}}{3} - \dfrac{2\sqrt{6}}{5}$

(3) $-\sqrt{3} + \sqrt{2} + 5\sqrt{3}$

(4) $\sqrt{18} - \sqrt{20} + \sqrt{2}$

(5) $3\sqrt{12} - \sqrt{75}$

(6) $2\sqrt{5} - \dfrac{25}{\sqrt{5}}$

03 다음 식을 간단히 하여라.

(1) $-\sqrt{5}(\sqrt{20} + \sqrt{30})$

(2) $(3\sqrt{21} - \sqrt{15}) \div \sqrt{3}$

(3) $\dfrac{\sqrt{7} - \sqrt{5}}{\sqrt{2}}$

(4) $\dfrac{4\sqrt{2} - 3\sqrt{3}}{2\sqrt{6}}$

문자로 몸풀기

Ⅱ 문자와 식

▶ **곱셈 기호의 생략**

 – (수)×(문자)일 때는 곱셈 기호 ×를 생략하고, 수를 문자 앞에 쓴다.

   예 $a \times 7 = 7 \times a = 7a$, $x \times (-3) = (-3) \times x = -3x$

 – 1×(문자), −1×(문자)일 때는 1을 생략한다.

   예 $1 \times a = a$, $(-1) \times a = -a$

 – 문자는 알파벳 순으로 쓰고 같은 문자의 곱일 때는 거듭제곱의 꼴로 나타낸다.

   예 $a \times a \times a = a^3$, $x \times x \times y \times y \times y = x^2 y^3$

 – 괄호가 있는 식과 수의 곱일 때는 곱셈 기호 ×를 생략하고, 수를 괄호 앞에 쓴다.

   예 $(a+b) \times 7 = 7 \times (a+b) = 7(a+b)$

▶ **나눗셈 기호의 생략**

 – 나눗셈 기호 ÷를 생략하고 분수의 꼴로 나타낸다.

   예 $a \div 8 = \dfrac{a}{8}$, $(a+b) \div 3 = \dfrac{a+b}{3}$

▶ **다항식**

 – 항은 수 또는 문자의 곱으로만 이루어진 식
 – 상수항은 수로만 이루어진 항
 – 계수는 수와 문자의 곱으로 이루어진 항에
   서 문자에 곱해진 수
 – 다항식은 하나 또는 몇 개의 항의 합으로 이
   루어진 식 예 $3x$, $-2x+7$, $x+3y-4$
 – 다항식 중에서 하나의 항으로만 이루어진 식은 단항식 예 x^2, $5x$, $3y$, 9
 – 항의 차수는 어떤 항에서 문자가 곱해진 개수
   예 x에 대한 $3x^2$의 차수 : 2, x에 대한 $-2x$의 차수 : 1

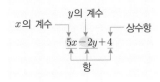

07 단항식의 곱셈과 나눗셈

017   단항식의 곱셈

● (단항식)×(단항식)의 계산은 계수는 계수끼리, 문자는 문자끼리 곱한다.
● 같은 문자끼리 곱하는 경우에는 지수법칙을 이용하여 간단히 한다.

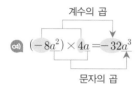

계수의 곱

예 $(-8a^2) \times 4a = -32a^3$

문자의 곱

보충   지수법칙

$a \neq 0$이고 m, n이 자연수일 때

● $a^m \times a^n = a^{m+n}$

● $(a^m)^n = a^{mn}$

● $a^m \div a^n = \begin{cases} a^{m-n} & (m > n) \\ 1 & (m = n) \\ \dfrac{1}{a^{n-m}} & (m < n) \end{cases}$

● $(ab)^m = a^m b^m$, $\left(\dfrac{a}{b}\right)^m = \dfrac{a^m}{b^m}$ $(b \neq 0)$

예 1 $a^2 \times a^4 = a^{2+4} = a^6$ 2 $(a^5)^3 = a^{5 \times 3} = a^{15}$

3 $a^5 \div a^3 = a^{5-3} = a^2$ 4 $(a^2 b)^3 = (a^2)^3 \times b^3 = a^6 b^3$

$a^3 \div a^5 = \dfrac{1}{a^{5-3}} = \dfrac{1}{a^2}$ $\left(\dfrac{a^3}{b^2}\right)^2 = \dfrac{(a^3)^2}{(b^2)^2} = \dfrac{a^6}{b^4}$

01 다음 식을 간단히 하여라.

(1) $9x \times 2y$ (2) $2a \times 3ab$

(3) $2a^3 \times (-7ab^2)$ (4) $(-3x^2 y) \times 5xy^3$

(5) $\left(\dfrac{1}{3}x^2\right)^2 \times 27x^4$

(6) $\left(-\dfrac{3}{4}ab\right)^2 \times \left(-\dfrac{2}{3}a^2b^3\right)$

018 단항식의 나눗셈

(단항식)÷(단항식)의 계산 방법은 다음과 같이 두 가지이다.

방법 1 분수의 꼴로 고친 후 계산 → $A \div B = \dfrac{A}{B}$

방법 2 역수의 곱셈으로 바꾸어 계산 → $A \div B = A \times \dfrac{1}{B}$

예 $(-12a^2b) \div 3ab$

방법 1 $(-12a^2b) \div 3ab = \dfrac{-12a^2b}{3ab} = -4a$

방법 2 $(-12a^2b) \div 3ab = (-12a^2b) \times \dfrac{1}{3ab} = -4a$

02 다음 식을 간단히 하여라.

(1) $16ab^2 \div 4ab$

(2) $10x^3y^2 \div 2x^2y$

(3) $3a^3b \div \dfrac{ab^2}{3}$

(4) $\dfrac{2}{3}xy^4 \div 8x^7y^5$

(5) $\left(\dfrac{1}{3}xy\right)^2 \div \dfrac{1}{9}x^4y$

(6) $\left(\dfrac{3}{ab}\right)^2 \div 6a^2b^3$

03 다음 식을 간단히 하여라.

(1) $2x^3 \times 5x \div x^3$

(2) $18a^4b \div 6a^3b^3 \times 3ab^5$

(3) $a^8 \div a \div a^5$

(4) $-xy^4 \div \dfrac{1}{5}x^7y^5 \times \dfrac{5}{3}x^8y^2$

08 다항식의 덧셈과 뺄셈

019 다항식의 덧셈과 뺄셈

● **다항식의 덧셈**

▷ 괄호를 풀고, 동류항끼리 모아서 간단히 한다.

● **다항식의 뺄셈**

▷ 빼는 식의 각 항의 부호를 바꾸어 더한다.

참고 여러 가지 괄호가 있는 식은 소괄호( ) → 중괄호{ } → 대괄호[ ]의 순서로 괄호
를 풀어 간단히 한다.

예

1 $(3x+2y)+(4x-4y)=3x+2y+4x-4y$
$$=(3x+4x)+(2y-4y)$$
$$=7x-2y$$

2 $(3x+2y)-(4x-4y)=3x+2y-4x+4y$
$$=(3x-4x)+(2y+4y)$$
$$=-x+6y$$

3 $x-\{2y-(3x-y)\}=x-(2y-3x+y)$
$$=x-(-3x+3y)$$
$$=x+3x-3y$$
$$=4x-3y$$

보충 동류항

● **동류항** : 문자와 차수가 각각 같은 항을 그 문자에 대한 동류항이라 한다.

참고 상수항은 모두 동류항이다.

● **동류항의 계산** : 동류항끼리 모은 후 분배법칙을 이용하여 간단히 한다.

예

1 $2x$, $3y$ ➡ 차수는 같으나 문자가 다르므로 동류항이 아니다.

x, $2x^2$ ➡ 문자는 같으나 차수가 다르므로 동류항이 아니다.

$3x$, $4x$ ➡ 문자와 차수가 같으므로 동류항이다.

2 $7a-5a=(7-5)a=2a$

01 다음 식을 간단히 하여라.

(1) $(5x + 2y) + (4x - 3y)$

(2) $\dfrac{x + 2y}{4} + \dfrac{x + 3y}{2}$

(3) $(3a^2 - a) + (-a^2 + 4a)$

(4) $(3x + 5y) - (2x - 3y)$

(5) $\dfrac{4x - 3y}{6} - \dfrac{x + y}{3}$

(6) $(4a^2 - 3a) - (7a^2 + 3a)$

02 다음 식을 간단히 하여라.

(1) $2x - \{5y - (3x + 7y)\}$

(2) $a - \{5 - (8a - 4b)\}$

Plus 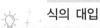 식의 대입

식에 들어 있는 문자에 그 문자를 나타내는 다른 식을 넣는 것을 **식의 대입**이라 한다.

예 $A = x + y$, $B = 3x - 2y$일 때, $2A - B$를 x, y에 대한 식으로 나타내면

$$2A - B = 2(x + y) - (3x - 2y)$$
$$= 2x + 2y - 3x + 2y$$
$$= -x + 4y$$

03 $A = -2x + 3y$, $B = x - 4y$일 때, 다음 식을 x, y에 대한 식으로 나타내어라.

(1) $2A + 5B$

(2) $\dfrac{A}{2} + \dfrac{B}{3}$

09 단항식과 다항식의 곱셈과 나눗셈

020 단항식과 다항식의 곱셈

분배법칙을 이용하여 단항식을 다항식의 각 항에 곱한다.

예) $\underset{\text{단항식} \quad \text{다항식}}{2a(a+3b)} = \overset{①}{2a \times a} + \overset{②}{2a \times 3b}$

$ = \underset{\text{전개식}}{2a^2 + 6ab}$

01 다음 식을 간단히 하여라.

(1) $y(y-6z)$

(2) $(4a-2b) \times (-2a)$

(3) $\dfrac{3}{4}x(12x-16y)$

(4) $(18a-21b) \times \dfrac{5}{3}b$

(5) $-3ab(5a+3b)$

(6) $(7x-y) \times 2xy$

(7) $\dfrac{1}{4}a(4a+8b-12)$

(8) $(a+3b-2) \times 2a$

다항식과 단항식의 나눗셈

방법 1 나눗셈을 곱셈으로 바꾸고 분배법칙을 이용한다.

$$\rightarrow (A+B) \div C = (A+B) \times \frac{1}{C} = A \times \frac{1}{C} + B \times \frac{1}{C}$$

방법 2 분수의 꼴로 고친 후 분자의 각 항을 분모로 나눈다.

$$\rightarrow (A+B) \div C = \frac{A+B}{C} = \frac{A}{C} + \frac{B}{C}$$

예 $(8xy + 4y) \div 2y$

방법 1 $(8xy + 4y) \div 2y = (8xy + 4y) \times \frac{1}{2y} = 8xy \times \frac{1}{2y} + 4y \times \frac{1}{2y} = 4x + 2$

방법 2 $(8xy + 4y) \div 2y = \frac{8xy + 4y}{2y} = \frac{8xy}{2y} + \frac{4y}{2y} = 4x + 2$

02 다음 식을 간단히 하여라.

(1) $(12a^2 + 18ab) \div 3a$

(2) $(7x^2 - 21x) \div 7x$

(3) $(4x^4 y - 10xy) \div 2xy$

(4) $(6x^4 y^3 + 8x^2 y^2) \div 2x^2 y$

(5) $(4x^3 y + 6x^2 y^2) \div \frac{1}{4}y$

(6) $(2xy - 6x) \div \left(-\frac{2}{3}x\right)$

03 다음 식을 간단히 하여라.

(1) $3x(4x - y) - 2x(3x + 4y)$

(2) $(6x - 24y) \div 6 - (8x^2 - 20xy) \div 4x$

10 곱셈 공식 (1)

022 곱셈 공식 ① – 합, 차의 제곱

● 합의 제곱 : $(a+b)^2 = a^2 + 2ab + b^2$

● 차의 제곱 : $(a-b)^2 = a^2 - 2ab + b^2$

(예) 1 $(x+2)^2 = x^2 + 2 \times x \times 2 + 2^2 = x^2 + 4x + 4$

2   $(2x-1)^2 = (2x)^2 - 2 \times 2x \times 1 + 1^2 = 4x^2 - 4x + 1$

01 다음 식을 전개하여라.

(1) $(a+3)^2$

(2) $(y-4)^2$

(3) $\left(b+\dfrac{1}{3}\right)^2$

(4) $\left(x-\dfrac{1}{4}\right)^2$

(5) $(2y+5)^2$

(6) $(3x-1)^2$

(7) $\left(\dfrac{1}{2}x+1\right)^2$

(8) $\left(\dfrac{2}{3}a-2\right)^2$

02 다음 식을 전개하여라.

(1) $(2a+b)^2$

(2) $\left(3x-\dfrac{1}{4}y\right)^2$

(3) $(-4a-1)^2$

(4) $(-x+9)^2$

(5) $(-y-3z)^2$

(6) $(-5x+3y)^2$

곱셈 공식 ② – 합과 차의 곱

$$(a+b)(a-b) = a^2 - b^2$$

예 $(\overset{\text{합}}{x+3})(\overset{\text{차}}{x-3}) = x^2 - 3^2 = x^2 - 9$

03 다음 식을 전개하여라.

(1) $(x+2)(x-2)$

(2) $\left(x - \dfrac{1}{3}\right)\left(x + \dfrac{1}{3}\right)$

(3) $(5+x)(5-x)$

(4) $(3x+2)(3x-2)$

(5) $\left(2a + \dfrac{1}{5}\right)\left(2a - \dfrac{1}{5}\right)$

(6) $(7+2x)(7-2x)$

04 다음 식을 전개하여라.

(1) $(2a+3b)(2a-3b)$

(2) $(5x-6y)(5x+6y)$

(3) $\left(a + \dfrac{4}{3}b\right)\left(a - \dfrac{4}{3}b\right)$

(4) $(-a+6)(-a-6)$

(5) $(7y-3z)(-7y-3z)$

(6) $(3x+8)(-3x+8)$

11 곱셈 공식 (2)

24 곱셈 공식 ③ – x의 계수가 1인 두 일차식의 곱

$$(x+a)(x+b) = x^2 + (a+b)x + ab$$

예) $(x-1)(x-4) = x^2 + (-1-4)x + (-1) \times (-4)$
$\qquad = x^2 - 5x + 4$

01 다음 식을 전개하여라.

(1) $(x+2)(x+7)$

(2) $(x-1)(x-5)$

(3) $(x-4)(x+8)$

(4) $(x+3)(x-9)$

(5) $\left(x - \dfrac{1}{4}\right)\left(x - \dfrac{1}{3}\right)$

(6) $\left(x + \dfrac{1}{6}\right)(x-4)$

(7) $(x+9y)(x+y)$

(8) $(x-2y)(x+7y)$

025   곱셈 공식 ④ – x의 계수가 1이 아닌 두 일차식의 곱

$$(ax+b)(cx+d) = acx^2 + (ad+bc)x + bd$$

예 $(2x+5)(3x+4) = (2 \times 3)x^2 + (2 \times 4 + 5 \times 3)x + 5 \times 4 = 6x^2 + 23x + 20$

02 다음 식을 전개하여라.

(1) $(4x+3)(2x+1)$

(2) $(2x-3)(5x-2)$

(3) $(5x-1)(3x+2)$

(4) $(4x+5)(7x-2)$

(5) $(-3x+4)(-5x-3)$

(6) $\left(\dfrac{1}{2}x+\dfrac{1}{6}\right)\left(\dfrac{1}{5}x-\dfrac{1}{3}\right)$

(7) $(3x-2y)(2x+5y)$

(8) $(6x-5y)(5x-6y)$

Plus   🔅   **공통부분이 있는 복잡한 식의 전개**

① 공통부분을 한 문자로 치환한다.
② 곱셈 공식을 이용하여 전개한다.
③ 치환한 문자에 원래의 식을 대입하여 정리한다.

예 $(x+y+2)(x+y-2)$ 공통부분 $x+y$를 A로 놓는다.
$= (A+2)(A-2)$ 곱셈 공식을 이용하여 전개한다.
$= A^2 - 4$ 치환하기 전의 식을 대입한다.
$= (x+y)^2 - 4$ 전개한다.
$= x^2 + 2xy + y^2 - 4$

12 곱셈 공식의 활용

026 곱셈 공식을 이용한 수의 계산

● 수의 제곱의 계산

▷ $(a+b)^2 = a^2 + 2ab + b^2$ 또는 $(a-b)^2 = a^2 - 2ab + b^2$을 이용

● 두 수의 곱의 계산

▷ $(a+b)(a-b) = a^2 - b^2$ 또는 $(x+a)(x+b) = x^2 + (a+b)x + ab$를 이용

예 1 $81^2 = (80+1)^2 = 80^2 + 2 \times 80 \times 1 + 1^2 = 6400 + 160 + 1 = 6561$

2 $99^2 = (100-1)^2 = 100^2 - 2 \times 100 \times 1 + 1^2 = 10000 - 200 + 1 = 9801$

3 $101 \times 99 = (100+1)(100-1) = 100^2 - 1^2 = 10000 - 1 = 9999$

4 $102 \times 107 = (100+2)(100+7)$

$\qquad = 100^2 + (2+7) \times 100 + 2 \times 7$

$\qquad = 10000 + 900 + 14 = 10914$

01 곱셈 공식을 이용하여 다음을 계산하여라.

(1) 103^2

(2) 9.1^2

(3) 199^2

(4) 203×197

(5) 6.2×5.8

(6) 302×305

027 곱셈 공식의 변형

- $a^2 + b^2 = (a+b)^2 - 2ab = (a-b)^2 + 2ab$
- $(a+b)^2 = (a-b)^2 + 4ab$
- $(a-b)^2 = (a+b)^2 - 4ab$

예 1 $a+b=4$, $ab=5$일 때
$$a^2 + b^2 = (a+b)^2 - 2ab = 4^2 - 2 \times 5 = 16 - 10 = 6$$
2 $a-b=6$, $ab=2$일 때
$$(a+b)^2 = (a-b)^2 + 4ab = 6^2 + 4 \times 2 = 36 + 8 = 44$$

02 $x+y=7$, $xy=4$일 때, 다음 식의 값을 구하여라.

(1) $x^2 + y^2$ (2) $(x-y)^2$

03 $x-y=-3$, $xy=5$일 때, 다음 식의 값을 구하여라.

(1) $x^2 + y^2$ (2) $(x+y)^2$

Plus · 두 수의 곱이 1인 식의 변형

- $a^2 + \dfrac{1}{a^2} = \left(a + \dfrac{1}{a}\right)^2 - 2 = \left(a - \dfrac{1}{a}\right)^2 + 2$
- $\left(a + \dfrac{1}{a}\right)^2 = \left(a - \dfrac{1}{a}\right)^2 + 4$
- $\left(a - \dfrac{1}{a}\right)^2 = \left(a + \dfrac{1}{a}\right)^2 - 4$

예 $a + \dfrac{1}{a} = 4$일 때

1 $a^2 + \dfrac{1}{a^2} = \left(a + \dfrac{1}{a}\right)^2 - 2 = 4^2 - 2 = 14$

2 $\left(a - \dfrac{1}{a}\right)^2 = \left(a + \dfrac{1}{a}\right)^2 - 4 = 4^2 - 4 = 12$

13 인수분해 (1)

028 공통인수를 이용한 인수분해

● **공통인수** : 다항식의 각 항에 공통으로 들어 있는 인수

● **공통인수를 이용한 인수분해** : 다항식의 각 항에 공통인수가 있을 때는 분배법칙을
이용하여 공통인수를 묶어서 인수분해한다.

→ $ma - mb + mc = m(a - b + c)$

예 1 $3x - 6x^2 = 3x - 3x \times 2x = 3x(1 - 2x)$
$\underbrace{}_{\text{공통인수}}$

2 $a^2b - ab^2 = ab \times a - ab \times b = ab(a - b)$
$\underbrace{}_{\text{공통인수}}$

 보충 인수분해

● **인수** : 하나의 다항식을 2개 이상의 단항식이나 다항식의 곱의 꼴로 나타낼 때, 각
각의 식을 처음 식의 인수라 한다.
● **인수분해** : 하나의 다항식을 두 개 이상의 다항식의 곱으로 나타내는 것

예
$$x^2 + 4x + 3 \xrightarrow[\text{전개}]{\text{인수분해}} (x+1)(x+3)$$
(합의 모양)   (곱의 모양)

→ $x^2 + 4x + 3$을 인수분해하면 $(x+1)(x+3)$
→ $1,\ x+1,\ x+3,\ (x+1)(x+3)$은 $x^2 + 4x + 3$의 인수

01 다음 식에서 공통인수를 찾아 인수분해하여라.

(1) $3a + 6ab$

(2) $abc - 5ab$

(3) $x^2y + 7xy^2$

(4) $3y + xy + yz$

(5) $x(y-1) - 2(y-1)$

(6) $(a+b)c + (a+b)d$

(7) $a(x-2y) + b(2y-x)$

(8) $x(y-3) - y + 3$

29 인수분해 공식 ① $- a^2 \pm 2ab + b^2 = (a \pm b)^2$

● $a^2 + 2ab + b^2 = (a + b)^2$
● $a^2 - 2ab + b^2 = (a - b)^2$

예 1 $x^2 + \underline{8x} + 16$

$2 \times x \times 4 \quad 4^2$

$(x \quad + \quad 4)^2$

2 $x^2 - \underline{12x} + 36$

$2 \times x \times 6 \quad 6^2$

$(x \quad - \quad 6)^2$

02 다음 식을 인수분해하여라.

(1) $a^2 + 18a + 81$

(2) $a^2 + a + \dfrac{1}{4}$

(3) $1 + 2y + y^2$

(4) $9y^2 + 12y + 4$

(5) $a^2 - 6a + 9$

(6) $25 - 10x + x^2$

(7) $49x^2 - 42x + 9$

(8) $\dfrac{1}{16}x^2 - \dfrac{1}{2}x + 1$

(9) $4x^2 - 20xy + 25y^2$

(10) $6x^2 + 24x + 24$

Plus 완전제곱식이 될 조건

● 다항식의 제곱으로 된 식 또는 이 식에 상수를 곱한 식을 **완전제곱식**이라 한다.

예 $x^2, (x-1)^2, 2(a+b)^2, -(x+2)^2$

● $x^2 + ax + b$가 완전제곱식이 되기 위한 b의 조건 : $b = \left(\dfrac{a}{2} \right)^2$

● $x^2 + ax + b \, (b > 0)$가 완전제곱식이 되기 위한 a의 조건 : $a = \pm 2\sqrt{b}$

14 인수분해 (2)

030 인수분해 공식 ② − $a^2 - b^2 = (a+b)(a-b)$

$$\underset{\text{제곱의 차}}{a^2 - b^2} = \underset{\text{합}}{(a+b)}\underset{\text{차}}{(a-b)}$$

(예)
$$x^2 - 36$$
$$= x^2 - 6^2$$
$$= (x+6)(x-6)$$

01 다음 식을 인수분해하여라.

(1) $x^2 - 9$

(2) $1 - 49b^2$

(3) $y^2 - 25z^2$

(4) $9a^2 - \dfrac{1}{4}b^2$

(5) $\dfrac{4}{9}x^2 - \dfrac{25}{16}y^2$

(6) $2x^2 - 32$

031 인수분해 공식 ③ − $x^2 + (a+b)x + ab = (x+a)(x+b)$

$$x^2 + \overset{\text{합}}{(a+b)}x + \overset{\text{곱}}{ab} = (x+a)(x+b)$$

x ⟶ a ⟶ ax
x ⟶ b ⟶ $\underline{bx}$ $(+$
$\qquad\qquad (a+b)x$

① 곱하여 상수항 ab가 되고 합하여 x의 계수 $a+b$가 되는 두 정수 a, b를 찾는다.
② $(x+a)(x+b)$의 꼴로 나타낸다.

(예) $x^2 + 4x + 3 = (x+3)(x+1)$

x ⟶ 3 ⟶ $3x$
x ⟶ 1 ⟶ $\underline{x}$ $(+$
$\qquad\qquad 4x$

02 다음 식을 인수분해하여라.

(1) $x^2 + 7x + 10$

(2) $x^2 - 6x + 8$

(3) $x^2 + 5xy - 14y^2$

(4) $x^2 - 8xy - 20y^2$

(5) $7x^2 + 7xy - 14y^2$

(6) $x^3 - 3x^2 - 4x$

032 인수분해 공식 ④ $- acx^2 + (ad+bc)x + bd = (ax+b)(cx+d)$

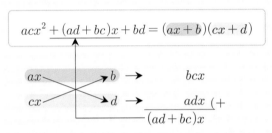

$$acx^2 + (ad+bc)x + bd = (ax+b)(cx+d)$$

① 곱하여 x^2의 계수가 되는 두 수 a, c를 세로로 나열한다.
② 곱하여 상수항이 되는 두 수 b, d를 세로로 나열한다.
③ ①, ②를 대각선으로 곱하여 합한 것이 x의 계수가 되는 것을 찾는다.
④ $(ax+b)(cx+d)$의 꼴로 나타낸다.

예 $3x^2 - 7x + 2 = (x-2)(3x-1)$

03 다음 식을 인수분해하여라.

(1) $4x^2 + 8x + 3$

(2) $3x^2 - 5x + 2$

(3) $4x^2 + 4x - 15$

(4) $6x^2 - 5x - 4$

(5) $6x^2 - 7xy - 3y^2$

(6) $10x^2 + 3xy - 4y^2$

결국은
x값 찾기

III 방정식과 부등식

intro

▶ **방정식**은 미지수의 값에 따라 참이 되기도 하고 거짓이 되기도 하는 등식

등호(=)가 있는 식 ◀

방정식에 있는 x, y 등의 문자

– 방정식의 해(근)는 방정식을 참이 되게 하는 미지수의 값
– 방정식을 푼다는 것은 방정식의 해(근)를 구하는 것

예 등식 $x+5=4$에서 $x=-1$일 때 $(-1)+5=4$ (참)

$x=1$일 때 $1+5\neq4$ (거짓)

➡ $x+5=4$는 방정식이고 $x=-1$은 이 방정식의 해(근)이다.

▶ **항등식**은 미지수에 어떤 값을 대입하여도 항상 참이 되는 등식

예 등식 $x+2x=3x$는 x에 어떤 값을 대입하여도 항상 참이 되므로 항등식이다.

▶ **부등식**은 부등호($<$, $>$, $\leq$, $\geq$)를 사용하여 수 또는 식의 대소 관계를 나타낸 식

예 $3<5$, $a>b$, $2x-1\leq5$, $\cdots$

– 부등식의 해는 부등식을 참이 되게 하는 미지수의 값
– 부등식을 푼다는 것은 부등식의 해를 모두 구하는 것

15 일차방정식

033 일차방정식

● **일차방정식** : $ax + b = 0$ $(a \neq 0)$ 의 꼴이 되는 방정식
  ▷ 일차방정식의 해 : 일차방정식을 참이 되게 하는 미지수 x 의 값
  ▷ 일차방정식을 푼다 : 해를 모두 구하는 것

034 일차방정식의 풀이

① 미지수 x 를 포함하는 항은 좌변으로, 상수항은 우변으로 이항한다.
② 양변을 정리하여 $ax = b$ $(a \neq 0)$ 의 꼴로 나타낸다.
③ 양변을 x 의 계수로 나눈다.

예)
$$4x - 9 = x + 6$$ 이항한다.
$$4x - x = 6 + 9$$ 양변을 정리한다.
$$3x = 15$$ 양변을 x 의 계수로 나눈다.
$$\therefore \ x = 5$$

보충 일차방정식의 풀이의 원리

● **등식의 성질**
  등식의
  ▷ 양변에 같은 수를 더해도 등식은 성립한다.
    → $a = b$ 이면 $a + c = b + c$
  ▷ 양변에서 같은 수를 빼도 등식은 성립한다.
    → $a = b$ 이면 $a - c = b - c$
  ▷ 양변에 같은 수를 곱해도 등식은 성립한다.
    → $a = b$ 이면 $a \times c = b \times c$
  ▷ 0이 아닌 같은 수로 나누어도 등식은 성립한다.

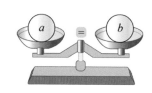

    → $a = b$ 이면 $\dfrac{a}{c} = \dfrac{b}{c}$ (단, $c \neq 0$)

● **이항** : 항의 부호를 바꾸어 옮기는 것

예)
$$x - 2 = 3 \qquad 2x + 5 = -x + 8$$
            이항   이항
$$x = 3 + 2 \qquad 2x + x = 8 - 5$$

01 다음 일차방정식을 풀어라.

(1) $7x - 9 = -2x + 18$

(2) $1 + 10x = -27 + 3x$

(3) $7x - 3(3x - 1) = 1$

(4) $2(2x + 4) = 3(x - 3)$

(5) $0.9x + 0.5 = 2(0.2x + 1)$

(6) $\dfrac{2x - 7}{3} = 1 - \dfrac{5 - x}{5}$

(7) $(x + 2) : (2x - 5) = 2 : 3$

(8) $\dfrac{2x - 3}{5} = 0.2(x + 1)$

Plus ☼ 특수한 일차방정식의 해

$ax = b$ 에서

● $a \neq 0$ 이면 $x = \dfrac{b}{a}$

● $a = 0$ 일 때 $\begin{cases} b = 0 \text{이면 해가 무수히 많다.} \\ b \neq 0 \text{이면 해가 없다.} \end{cases}$

Tip ① $0 \cdot x = (0$이 아닌 상수$)$

$x = \dfrac{(0\text{이 아닌 상수})}{0}$, 즉 해가 없다.

② $0 \cdot x = 0$

$x = \dfrac{0}{0}$, 즉 해가 무수히 많다.

 1 $0 \cdot x = 2$

$x = \dfrac{2}{0}$ (×) ($\because$ 분모에 0이 올 수 없다.)

$\therefore$ 해가 없다.

2 $0 \cdot x = 0$

x 에 어떤 숫자를 대입하더라도 식이 성립한다.

$\therefore$ 해가 무수히 많다.

16 연립방정식

035 미지수가 2개인 연립일차방정식

● **미지수가 2개인 연립일차방정식** : 미지수가 2개인 두 일차방정식을 한 쌍으로 묶어 놓은 것

▷ 연립방정식의 해 : 두 일차방정식을 동시에 만족하는 x, y의 값 또는 그 순서쌍 (x, y)

▷ 연립방정식을 푼다 : 연립방정식의 해를 구하는 것

036 연립방정식의 풀이 ① – 가감법

● **가감법** : 두 방정식을 더하거나 빼서 한 미지수를 없애 연립방정식의 해를 구하는 방법

● **가감법을 이용한 풀이 방법**

① 없애려는 미지수의 **계수의 절댓값이 같아지도록** 각 방정식에 적당한 수를 곱한다.

② ①의 두 식에서 없애려는 미지수의 계수의 부호가 같으면 **빼고**, 다르면 **더하여** 한 미지수를 없앤 후 방정식을 푼다.

③ ②에서 구한 해를 두 방정식 중 간단한 식에 대입하여 다른 미지수의 값을 구한다.

예 $\begin{cases} 2x - y = 5 \ \cdots\cdots \ \bigcirc \\ x + y = 4 \ \cdots\cdots \ \bigcirc \end{cases}$ 에서

$\bigcirc + \bigcirc$을 하면 $3x = 9$ $\quad\therefore\ x = 3$

$x = 3$을 $\bigcirc$에 대입하면 $3 + y = 4$ $\quad\therefore\ y = 1$

01 다음 연립방정식을 가감법을 이용하여 풀어라.

(1) $\begin{cases} 5x + 2y = 19 \\ x + 2y = 7 \end{cases}$

(2) $\begin{cases} -x + 2y = 8 \\ x + 5y = 13 \end{cases}$

(3) $\begin{cases} 2x - y = 1 \\ 3x + 2y = -9 \end{cases}$

(4) $\begin{cases} 3x + 5y = 1 \\ 5x + 3y = 7 \end{cases}$

(5) $\begin{cases} 2x - 3y = -5 \\ 5x + 7y = 2 \end{cases}$

(6) $\begin{cases} 3x - 2y = 4 \\ 4x - 3y = 5 \end{cases}$

● **대입법** : 한 방정식을 한 미지수에 대하여 푼 후 그 식을 다른 방정식에 대입하여 연립방정식의 해를 구하는 방법

● **대입법을 이용한 풀이 방법**

① 한 방정식을 한 미지수에 대하여 푼다.

② ①에서 얻은 식을 다른 방정식에 대입하여 일차방정식의 해를 구한다.

③ ②의 해를 ①의 식에 대입하여 다른 미지수의 값을 구한다.

예 $\begin{cases} y = x+1 & \cdots\cdots ㉠ \\ 3x+2y = -8 & \cdots\cdots ㉡ \end{cases}$ 에서

㉠을 ㉡에 대입하면 $3x+2(x+1) = -8$

$3x+2x+2 = -8$, $5x = -10$ ∴ $x = -2$

$x = -2$ 를 ㉠에 대입하면 $y = -2+1 = -1$

02 다음 연립방정식을 대입법을 이용하여 풀어라.

(1) $\begin{cases} x-2y = -3 \\ x = 3y \end{cases}$

(2) $\begin{cases} y = -3x+18 \\ 2x+y = 16 \end{cases}$

(3) $\begin{cases} 4x+3y = 1 \\ -2x+y = 7 \end{cases}$

(4) $\begin{cases} 2x+y = -4 \\ 3x+2y = -4 \end{cases}$

(5) $\begin{cases} y = -2x+5 \\ y = x-1 \end{cases}$

(6) $\begin{cases} 3x-4y = 7 \\ x+1 = 2y \end{cases}$

03 다음 연립방정식을 풀어라.

(1) $\begin{cases} 2(x+y)+3x=2 \\ 7x-3(x-2y)=17 \end{cases}$

(2) $\begin{cases} 0.2x+0.5y=2.1 \\ x-0.5y=-4.5 \end{cases}$

(3) $\begin{cases} \dfrac{1}{3}x+\dfrac{1}{4}y=\dfrac{7}{6} \\ \dfrac{1}{2}x-\dfrac{1}{3}y=\dfrac{1}{3} \end{cases}$

(4) $\begin{cases} 0.5x+0.3y=2 \\ \dfrac{2x+1}{3}-y=3 \end{cases}$

(5) $\begin{cases} \dfrac{x+4}{2}=\dfrac{y+1}{3} \\ 3x+1=2(y+x)-3 \end{cases}$

(6) $x-2y=3x+8y=7$

Plus **해가 특수한 연립방정식**

● **연립방정식의 해가 무수히 많은 경우**

두 방정식 중 어느 한 쪽의 방정식을 변형하였을 때, 나머지 방정식과 같으면 이 연립방정식의 해는 무수히 많다.

● **연립방정식의 해가 없는 경우**

두 방정식 중 어느 한 쪽의 방정식을 변형하였을 때, 나머지 방정식과 x, y의 계수는 같고 상수항이 다르면 이 연립방정식의 해는 없다.

참고 연립방정식 $\begin{cases} ax+by=c \\ a'x+b'y=c' \end{cases}$ 에서

• 해가 무수히 많을 조건 ➡ $\dfrac{a}{a'}=\dfrac{b}{b'}=\dfrac{c}{c'}$

• 해가 없을 조건 ➡ $\dfrac{a}{a'}=\dfrac{b}{b'}\neq\dfrac{c}{c'}$

예 1 $\begin{cases} 2x+3y=2 \ \cdots\cdots\ \bigcirc \\ 4x+6y=4 \ \cdots\cdots\ \bigcirc \end{cases}$ 에서

$\bigcirc\times2$를 하면 $\begin{cases} 4x+6y=4 \\ 4x+6y=4 \end{cases}$ 이므로 해가 무수히 많다.

2 $\begin{cases} x-2y=2 \ \cdots\cdots\ \bigcirc \\ 2x-4y=1 \cdots\cdots\ \bigcirc \end{cases}$ 에서

$\bigcirc\times2$를 하면 $\begin{cases} 2x-4y=4 \\ 2x-4y=1 \end{cases}$ 이므로 해가 없다.

17 일차부등식과 연립부등식

038 일차부등식

● **일차부등식** : (일차식)> 0 , (일차식)< 0 , (일차식)≥ 0 , (일차식)≤ 0 중 어느 하나
의 꼴로 나타낼 수 있는 부등식
  ▷ 일차부등식의 해 : 일차부등식을 참이 되게 하는 미지수의 값
  ▷ 일차부등식을 푼다 : 일차부등식을 만족하는 모든 해를 구하는 것

039 일차부등식의 풀이

● **일차부등식은 다음과 같은 방법으로 푼다.**
  ① 미지수 x를 포함하는 항은 좌변으로, 상수항은 우변으로 이항한다.
  ② 각 변을 간단히 하여 $ax > b$, $ax < b$, $ax \geq b$, $ax \leq b$ $(a \neq 0)$ 중 어느 하나
    의 꼴로 나타낸다.
  ③ 양변을 x의 계수로 나눈다. 이때 $a < 0$이면 부등호의 방향이 바뀐다.

  참고 일차부등식의 해를 수직선 위에 나타내기

  ① $x > a$ ② $x < a$ ③ $x \geq a$ ④ $x \leq a$

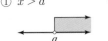   

  주의 수직선에서 •에 대응하는 수는 부등식의 해이고 ○에 대응하는 수는 부등식의 해가 아니다.

  예) $-3x - 5 > x - 1$
  $-3x - x > -1 + 5$ 이항한다.
  $-4x > 4$ $ax < b$의 꼴로 나타낸다.
  $\therefore x < -1$ x의 계수로 양변을 나눈다.

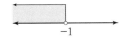

부등식의 양변에

● 같은 수를 더하거나 빼도 부등호의 방향은 바뀌지 않는다.

$$\rightarrow a < b \text{이면} \begin{cases} a+c < b+c \\ a-c < b-c \end{cases}$$

● 같은 양수를 곱하거나 나누어도 부등호의 방향은 바뀌지 않는다.

$$\rightarrow a < b, \ c > 0 \text{이면} \begin{cases} ac < bc \\ \dfrac{a}{c} < \dfrac{b}{c} \end{cases}$$

● 같은 음수를 곱하거나 나누면 부등호의 방향이 바뀐다.

$$\rightarrow a < b, \ c < 0 \text{이면} \begin{cases} ac > bc \\ \dfrac{a}{c} > \dfrac{b}{c} \end{cases}$$

01 다음 일차부등식을 풀고 그 해를 수직선 위에 나타내어라.

(1) $2x + 1 \leq x + 2$

(2) $3x - (x + 2) > 3x - 1$

(3) $2.4x + 1 < 3.6x - 1.4$

(4) $\dfrac{3x + 1}{4} \geq 3 + \dfrac{x - 3}{2}$

040   연립부등식

● **연립부등식** : 두 개 이상의 일차부등식을 한 쌍으로 나타낸 것

　▷ 연립부등식의 해 : 연립부등식에서 각각의 부등식을 동시에 만족시키는 미지수의 값

　▷ 연립부등식을 푼다 : 연립부등식을 만족하는 모든 해를 구하는 것

041   연립부등식의 풀이

● 연립부등식은 다음과 같은 방법으로 푼다.

　① 각각의 일차부등식의 해를 구한다.

　② 각각의 일차부등식의 해를 수직선 위에 나타낸다.

　③ 수직선 위에서 공통부분을 찾아 x의 값의 범위로 나타낸다.

예) $\begin{cases} 3x-2 < x & \cdots\cdots \text{㉠} \\ -2x+1 \leq 5 & \cdots\cdots \text{㉡} \end{cases}$ → $\begin{cases} x < 1 \\ x \geq -2 \end{cases}$ → [수직선 그림] → $-2 \leq x < 1$

🎯 보충   해가 특수한 경우의 연립부등식

● 해가 한 개인 경우

$\begin{cases} x \leq a \\ x \geq a \end{cases}$ → $x = a$

● 해가 없는 경우 (단, $a < b$)

① $\begin{cases} x < a \\ x \geq b \end{cases}$ → 해가 없다.   ② $\begin{cases} x < a \\ x > a \end{cases}$ → 해가 없다.   ③ $\begin{cases} x < a \\ x \geq a \end{cases}$ → 해가 없다.

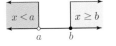 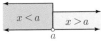 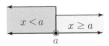

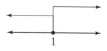 1 $\begin{cases} x \le 1 \\ x \ge 1 \end{cases}$

$\therefore \ x = 1$

2 $\begin{cases} x < 1 \\ x \ge 2 \end{cases}$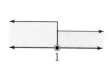

$\therefore$ 해가 없다.

3 $\begin{cases} x < 1 \\ x > 1 \end{cases}$

$\therefore$ 해가 없다.

4 $\begin{cases} x < 1 \\ x \ge 1 \end{cases}$

$\therefore$ 해가 없다.

02 다음 연립부등식을 풀어라.

(1) $\begin{cases} 2 - 10x < 5 - 7x \\ -x + 15 \ge 6 + 2x \end{cases}$

(2) $\begin{cases} 2x + 3 > -1 \\ 5(x + 3) \ge 3x + 7 \end{cases}$

(3) $\begin{cases} 2x + 5 \ge 9 \\ 4x \ge 5x - 2 \end{cases}$

(4) $\begin{cases} x - 3 \le 2x - 1 \\ 4x > 6x + 8 \end{cases}$

(5) $\begin{cases} x + 1 < \dfrac{x - 3}{2} \\ 0.2(x - 2) \ge -2 \end{cases}$

(6) $2x - 3 < x + 1 \le 3x + 7$

18 이차방정식 (1)

042 이차방정식

● **이차방정식** : $ax^2 + bx + c = 0 \ (a \neq 0)$ 의 꼴이 되는 방정식
  ▷ 이차방정식의 해 : 이차방정식을 참이 되게 하는 미지수 x 의 값
  ▷ 이차방정식을 푼다 : 해를 모두 구하는 것

043 이차방정식의 풀이 ① – 인수분해 이용

① 주어진 방정식을 $ax^2 + bx + c = 0$ 의 꼴로 정리한다.
② 좌변을 인수분해한다.
③ $AB = 0$ 이면 $A = 0$ 또는 $B = 0$ 임을 이용하여 해를 구한다.

참고 이차방정식의 두 근이 중복되어 서로 같을 때, 이 근을 주어진 방정식의 **중근**이라 한다.

예 $x^2 - x - 2 = 0$
$(x+1)(x-2) = 0$
$x + 1 = 0$ 또는 $x - 2 = 0$ $\therefore$ $x = -1$ 또는 $x = 2$

01 다음 이차방정식을 인수분해를 이용하여 풀어라.

(1) $x(x+3) = 0$

(2) $(2x-5)(3x+2) = 0$

(3) $(2x+3)^2 = 0$

(4) $x^2 - 1 = -4x - 5$

(5) $x(x+10) + 21 = 0$

(6) $(x-4)^2 = 4(7-x)$

(7) $x^2 - 0.5x - 3 = 0$

(8) $\frac{1}{2}x^2 - 0.3x - \frac{1}{5} = 0$

044 이차방정식의 풀이 ② – 제곱근 이용

- $x^2 = q$ $(q \geq 0)$ 의 해
  → $x = \pm \sqrt{q}$
- $(x-p)^2 = q$ $(q \geq 0)$ 의 해
  → $x - p = \pm \sqrt{q}$ ∴ $x = p \pm \sqrt{q}$

예 1 $3x^2 - 6 = 0$
  $3x^2 = 6$, $x^2 = 2$
  ∴ $x = \pm \sqrt{2}$

2 $(x+1)^2 = 8$
  $x + 1 = \pm 2\sqrt{2}$
  ∴ $x = -1 \pm 2\sqrt{2}$

02 다음 이차방정식을 제곱근을 이용하여 풀어라.

(1) $9x^2 + 3 = 7$

(2) $\left(x - \dfrac{1}{2}\right)^2 = \dfrac{25}{4}$

(3) $(2x+1)^2 - 5 = 0$

(4) $4x^2 + 4x - 25 = 4(x-5)$

 Plus 완전제곱식을 이용한 이차방정식의 풀이

이차방정식 $ax^2 + bx + c = 0$ 의 좌변이 인수분해되지 않을 경우, 좌변을 완전제곱식이 되도록 고친 다음 제곱근을 이용하여 해를 구한다.

❶ 이차항의 계수 a로 양변을 나누어 이차항의 계수를 1로 만든다.	예 $2x^2 + 8x - 2 = 0$ $x^2 + 4x - 1 = 0$
❷ 상수항을 우변으로 이항한다.	$x^2 + 4x = 1$
❸ 양변에 $\left(\dfrac{x의\ 계수}{2}\right)^2$ 을 더한다.	$x^2 + 4x + \left(\dfrac{4}{2}\right)^2 = 1 + \left(\dfrac{4}{2}\right)^2$
❹ $(x-p)^2 = q$의 꼴로 만든다.	$(x+2)^2 = 5$
❺ 해를 구한다. → $x = p \pm \sqrt{q}$	∴ $x = -2 \pm \sqrt{5}$

19 이차방정식 (2)

045 이차방정식의 풀이 ③ - 근의 공식 이용

● 이차방정식 $ax^2 + bx + c = 0 \ (a \neq 0)$의 해는

$$x = \frac{-b \pm \sqrt{b^2 - 4ac}}{2a} \ (단, \ b^2 - 4ac \geq 0)$$

참고 일차항의 계수가 짝수인 경우 이차방정식 $ax^2 + 2b'x + c = 0 \ (a \neq 0)$의 해는

$$x = \frac{-b' \pm \sqrt{b'^2 - ac}}{a} \ (단, \ b'^2 - ac \geq 0)$$

예 1 $2x^2 + 7x + 1 = 0$에서

$a = 2, \ b = 7, \ c = 1$이므로

$x = \dfrac{-7 \pm \sqrt{7^2 - 4 \times 2 \times 1}}{2 \times 1}$

$\quad = \dfrac{-7 \pm \sqrt{41}}{2}$

2 $x^2 + 8x + 3 = 0$에서

$a = 1, \ b' = 4, \ c = 3$이므로

$x = \dfrac{-4 \pm \sqrt{4^2 - 1 \times 3}}{1}$

$\quad = -4 \pm \sqrt{13}$

보충 이차방정식의 근의 개수

이차방정식 $ax^2 + bx + c = 0 \ (a \neq 0)$의 근의 개수는

근의 공식 $x = \dfrac{-b \pm \sqrt{b^2 - 4ac}}{2a}$에서 $b^2 - 4ac$의 부호에 따라 결정된다.

● $b^2 - 4ac > 0$이면 서로 다른 두 근을 갖는다. (근이 2개)

→ $x = \dfrac{-b + \sqrt{b^2 - 4ac}}{2a}$ 또는 $x = \dfrac{-b - \sqrt{b^2 - 4ac}}{2a}$

● $b^2 - 4ac = 0$이면 중근을 갖는다. (근이 1개)

→ $x = -\dfrac{b}{2a}$ (중근)

● $b^2 - 4ac < 0$이면 근이 없다. (근이 0개)

1 $x^2 + 3x - 5 = 0$에서 $b^2 - 4ac = 29 > 0$이므로 서로 다른 두 근을 갖는다.

2 $x^2 + 2x + 1 = 0$에서 $b^2 - 4ac = 0$이므로 중근을 갖는다.

3 $2x^2 + x + 4 = 0$에서 $b^2 - 4ac = -31 < 0$이므로 근이 없다.

01 다음 이차방정식을 근의 공식을 이용하여 풀어라.

(1) $x^2 - x - 1 = 0$

(2) $2x^2 - 4x + 1 = 0$

(3) $(x - 2)(x - 3) = 8 - 3x$

(4) $x^2 - 1 = \dfrac{7x - 6}{3}$

(5) $0.3x^2 + 0.4x - 0.1 = 0$

(6) $0.2x^2 + \dfrac{4}{5}x - 0.3 = 0$

Plus 근의 공식의 유도 과정

$ax^2 + bx + c = 0 \ (a \neq 0)$

        양변을 x^2의 계수로 나눈다.

$x^2 + \dfrac{b}{a}x + \dfrac{c}{a} = 0$

        상수항을 우변으로 이항한다.

$x^2 + \dfrac{b}{a}x = -\dfrac{c}{a}$

        x의 계수의 $\dfrac{1}{2}$을 제곱한 값을 양변에 더한다.

$x^2 + \dfrac{b}{a}x + \left(\dfrac{b}{2a}\right)^2 = -\dfrac{c}{a} + \left(\dfrac{b}{2a}\right)^2$

        좌변을 완전제곱식으로 나타낸다.

$\left(x + \dfrac{b}{2a}\right)^2 = \dfrac{b^2 - 4ac}{4a^2}$

        제곱근을 구한다.

$x + \dfrac{b}{2a} = \pm\sqrt{\dfrac{b^2 - 4ac}{4a^2}}$

        해를 구한다.

$\therefore x = \dfrac{-b \pm \sqrt{b^2 - 4ac}}{2a}$

이차방정식의 근과 계수의 관계

● 이차방정식 $ax^2 + bx + c = 0 \ (a \neq 0)$의 두 근을 α, β라 할 때,

▷ 두 근의 합 → $\alpha + \beta = -\dfrac{b}{a}$　　▷ 두 근의 곱 → $\alpha\beta = \dfrac{c}{a}$

예 $x^2 - 3x + 2 = 0$의 두 근의 합과 곱은

방법 1 $(x-1)(x-2) = 0$에서
　　두 근이 1, 2이므로
　　(두 근의 합) $= 1 + 2 = 3$
　　(두 근의 곱) $= 1 \times 2 = 2$

방법 2 $x^2 - 3x + 2 = 0$에서
　　$a = 1$, $b = -3$, $c = 2$이므로
　　(두 근의 합) $= -\dfrac{b}{a} = -\dfrac{-3}{1} = 3$
　　(두 근의 곱) $= \dfrac{c}{a} = \dfrac{2}{1} = 2$

02 다음 이차방정식의 두 근을 α, β라 할 때, 식의 값을 구하여라.

(1) $x^2 + x - 1 = 0$

　① $\alpha + \beta$　　　　　　② $\alpha\beta$

　③ $\alpha^2 + \beta^2$

(2) $(x+1)(2x-3) = 1$

　① $\alpha + \beta$　　　　　　② $\alpha\beta$

　③ $\alpha^2 + \beta^2$

(3) $0.1x^2 + 0.6x = 0$

　① $\alpha + \beta$　　　　　　② $\alpha\beta$

　③ $\alpha^2 + \beta^2$

20 방정식과 부등식의 활용 (1)

047 방정식과 부등식의 활용 ①

● 방정식과 부등식의 활용 문제는 다음과 같은 순서로 푼다.

미지수 정하기 → 방정식 (또는 부등식) 세우기 → 방정식 (또는 부등식) 풀기 → 확인하기

> **Tip** 여러 가지 활용 문제에서 미지수 정하기
> • 연속한 두 정수 : x, $x+1$ 또는 $x-1$, x
> • 십의 자리의 숫자가 a, 일의 자리의 숫자가 b일 때
> − 처음 수 : $10a+b$
> − 일의 자리의 숫자와 십의 자리의 숫자를 바꾼 수 : $10b+a$
> • 올해 나이가 x세인 사람의
> − a년 전의 나이 → $(x-a)$세
> − a년 후의 나이 → $(x+a)$세

예 연속하는 두 정수의 합이 11일 때, 두 정수를 각각 구하여라.

➡ 연속하는 두 정수를 x, $x+1$이라 하면

$x+(x+1)=11$

$2x+1=11$, $2x=10$ ∴ $x=5$

따라서 연속하는 두 정수는 5, 6이다.

01 올해 아버지의 나이는 50세이고 아들의 나이는 12세이다. 아버지의 나이가 아들의 나이의 2배가 되는 것은 몇 년 후인지 구하여라.

02 일의 자리의 숫자가 8인 두 자리 자연수가 있다. 이 자연수의 일의 자리의 숫자와 십의 자리의 숫자를 바꾼 수는 처음 수의 3배보다 2만큼 작다고 할 때, 처음 수를 구하여라.

03 동물원의 입장료가 어른이 1200원, 어린이가 900원이다. 어른과 어린이를 합하여 9명의 입장료로 9600원을 지불했을 때, 동물원에 입장한 어른은 몇 명인지 구하여라.

04 인터넷 쇼핑몰에서 배와 사과를 합하여 20개를 사려고 한다. 배 1개의 가격은 1200원, 사과 1개의 가격은 800원이고 배송료가 2500원일 때, 총 가격이 22000원을 넘지 않으려면 배는 최대 몇 개까지 살 수 있는지 구하여라.

05 집 앞 문구점에서는 공책 한 권의 가격이 800원인데 할인 매장에서는 600원이다. 할인 매장에 갔다 오는 데 2000원의 교통비가 든다고 할 때, 공책을 몇 권 이상 사야 할인 매장에서 사는 것이 유리한지 구하여라.

06 학생들에게 공책을 나누어 주려고 한다. 한 학생에게 3권씩 주면 24권이 남고, 5권씩 주면 1권 이상 4권 미만이 남는다고 할 때, 학생은 몇 명인지 구하여라.

07 어떤 탐험대가 동굴을 탐험하다가 36개의 보물을 발견하고 탐험 대원들끼리 똑같이 나누어 가졌더니 한 사람이 가진 보물의 수가 탐험 대원의 전체 수보다 5만큼 작았다. 탐험 대원은 모두 몇 명인지 구하여라.

21 방정식과 부등식의 활용 (2)

048 방정식과 부등식의 활용 ② – 원가, 정가

● 원가, 정가에 대한 문제는 다음 관계를 이용하여 방정식 또는 부등식을 세운다.

▷ (정가)=(원가)+(이익)

▷ (판매 가격)=(정가)−(할인 금액)

▷ (이익)=(판매 가격)−(원가)

참고 원가가 a원인 상품에 $b\%$의 이익을 붙인 가격

→ $a\left(1+\dfrac{b}{100}\right)$ 원

정가가 a원인 상품을 $b\%$ 할인한 가격

→ $a\left(1-\dfrac{b}{100}\right)$ 원

예 원가가 4500원인 물건을 정가의 10%를 할인하여 팔아서 원가의 20% 이상의 이익을 얻으려고 할 때, 정가는 얼마 이상으로 정하면 되는지 구하여라.

→ 정가를 x원이라 하면

$$(판매\ 가격)=x\left(1-\dfrac{10}{100}\right)=\dfrac{9}{10}x\ (원)$$

이때 이익이 $4500\times\dfrac{20}{100}=900\ (원)$ 이상이어야 하므로

$$\dfrac{9}{10}x-4500\ge 900$$

$$\dfrac{9}{10}x\ge 5400 \quad \therefore\ x\ge 6000$$

따라서 정가는 6000원 이상으로 정하면 된다.

01 어떤 티셔츠를 원가의 10%의 이익을 붙여서 정가를 정하고 정가에서 400원을 할 인하여 팔았더니 1개를 팔 때마다 700원의 이익이 생겼다. 이때 이 티셔츠의 원가 를 구하여라.

02 원가에 4%의 이익을 붙여 정가를 정한 상품이 팔리지 않아 정가에서 100원을 할인하여 팔았더니 1개를 팔 때마다 200원의 이익이 생겼다. 이때 이 상품의 판매 가격을 구하여라.

03 어떤 물건의 원가에 20%의 이익을 붙여서 정가를 정하였다가 잘 팔리지 않아 정가에서 1000원을 할인하여 팔았더니 원가에 대하여 10%의 이익이 생겼다. 이때 이 물건의 원가를 구하여라.

04 A, B 두 상품을 합하여 20000원에 사서 A 상품은 원가에 20%의 이익을 붙이고, B 상품은 원가에서 30% 할인하여 팔았더니 3000원의 이익이 생긴다고 할 때, A 상품의 원가를 구하여라.

05 원가가 5000원인 필통이 있다. 이 필통의 정가를 40% 할인하여 팔아서 원가의 20% 이상의 이익을 남기려고 할 때, 정가의 최솟값을 구하여라.

06 어떤 물건에 원가의 4할의 이익을 붙여서 정가를 정하였다. 세일 기간에 정가의 20%를 할인하여 판매하였더니 6000원 이상의 이익을 얻었다고 할 때, 이 물건의 원가의 최솟값을 구하여라.

22 방정식과 부등식의 활용 (3)

049 방정식과 부등식의 활용 ③ – 거리, 속력, 시간

● 거리, 속력, 시간에 대한 문제는 다음 관계를 이용하여 방정식 또는 부등식을 세운다.

▷ (거리)=(속력)×(시간)

▷ (속력)=$\dfrac{(거리)}{(시간)}$

▷ (시간)=$\dfrac{(거리)}{(속력)}$

주의 거리, 속력, 시간에 대한 단위가 다른 경우에는 단위를 통일해야 한다.

① $1 \text{ km} = 1000 \text{ m}$　　　② 1시간$= 60$분, 1분$= \dfrac{1}{60}$시간

예 지연이가 등산을 하는데 올라갈 때는 시속 2 km로 걷고, 내려올 때는 같은 길을 시속 3 km로 걸었더니 모두 6시간이 걸렸다. 올라갈 때의 거리를 구하여라.

→ 올라간 거리를 $x \text{ km}$라 하면

	올라갈 때	내려올 때
거리	$x \text{ km}$	$x \text{ km}$
속력	시속 2 km	시속 3 km
시간	$\dfrac{x}{2}$시간	$\dfrac{x}{3}$시간

(올라갈 때 걸린 시간)+(내려올 때 걸린 시간)=6 (시간)에서

$\dfrac{x}{2}+\dfrac{x}{3}=6$

$3x+2x=36$, $5x=36$　　∴ $x=\dfrac{36}{5}=7.2$

따라서 올라갈 때의 거리는 7.2 km이다.

01 길이가 12 km인 산책로를 처음에는 시속 4 km로 걷다가 나중에는 시속 6 km로 달렸더니 총 2시간 40분이 걸렸다. 이때 걸은 거리는 몇 km인지 구하여라.

02 형이 집에서 학교로 떠난 지 20분 후에 동생이 자전거로 같은 길을 따라 형을 뒤따라갔다. 형이 걷는 속도는 시속 4 km, 동생이 자전거를 타고 가는 속도는 시속 20 km일 때, 동생이 출발한 지 몇 분 후에 형과 만나는지 구하여라.

03 둘레의 길이가 2 km 인 운동장이 있다. 이 운동장의 둘레를 영은이는 매분 55 m 의 속력으로, 지영이는 매분 45 m 의 속력으로 출발점에서 서로 반대 방향으로 걸으려고 한다. 두 사람이 출발한 지 몇 분 후에 만나게 되는지 구하여라.

04 한라산을 등산하는데 올라갈 때는 시속 3 km로 걷고, 내려올 때는 올라온 길과 다른 길로 시속 4 km로 걸어서 총 3시간 10분이 걸렸다. 등산한 총 거리가 11 km일 때, 올라간 거리를 구하여라.

05 혜리가 집에서 8 km 떨어진 할머니 댁까지 가는데 처음에는 시속 5 km로 달리다가 도중에 시속 3 km로 걸어서 2시간 이내에 도착하였다. 이때 시속 5 km로 달린 거리는 몇 km 이상인지 구하여라.

23 방정식과 부등식의 활용 (4)

050 방정식과 부등식의 활용 ④ – 농도

● 소금물의 농도에 대한 문제는 다음 관계를 이용하여 방정식 또는 부등식을 세운다.

▷ (소금물의 농도)$=\dfrac{(소금의 양)}{(소금물의 양)}\times100(\%)$

▷ (소금의 양)$=\dfrac{(소금물의 농도)}{100}\times(소금물의 양)$

주의 소금물에 물을 더 넣거나 증발시키면 물의 양은 변하지만 소금의 양은 변하지 않는다.

예 9 %의 소금물 400 g이 있다. 여기에 몇 g의 물을 더 넣으면 4 %의 소금물이 되는지 구하여라.

→ 더 넣는 물의 양을 x g이라 하면

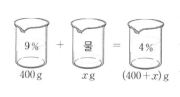

	물을 넣기 전	물을 넣은 후
농도	9 %	4 %
소금물의 양	400 g	$(400+x)$ g
소금의 양	$\left(\dfrac{9}{100}\times400\right)$ g	$\left\{\dfrac{4}{100}\times(400+x)\right\}$ g

9 %의 소금물 400 g에 물을 넣은 후에도 소금의 양은 변하지 않으므로

$\dfrac{9}{100}\times400=\dfrac{4}{100}\times(400+x)$

$3600=4(400+x),\ 3600=1600+4x,\ -4x=-2000\qquad\therefore\ x=500$

따라서 500 g의 물을 더 넣으면 된다.

01 4 %의 소금물 150 g과 x %의 소금물 300 g을 섞어서 8 %의 소금물을 만들려고 한다. 이때 x의 값을 구하여라.

02 10%의 소금물과 15%의 소금물을 섞어서 13%의 소금물 200g을 만들려고 한다. 이때 10%의 소금물을 몇 g 섞어야 하는지 구하여라.

03 5%의 소금물과 8%의 소금물을 섞어서 7%의 소금물 600g을 만들었다. 5%의 소금물과 8%의 소금물을 각각 몇 g 섞었는지 구하여라.

04 농도가 다른 두 소금물 A, B를 각각 100g, 300g을 섞으면 20%의 소금물이 되고, 소금물 A, B를 각각 300g, 100g을 섞으면 14%의 소금물이 된다. 이때 소금물 B의 농도를 구하여라.

05 6%의 소금물 300g에 10%의 소금물을 섞어서 농도가 8% 이상인 소금물을 만들려고 한다. 10%의 소금물을 몇 g 이상 섞어야 하는지 구하여라.

06 5%의 소금물 600g에 10%의 소금물을 섞어서 6% 이상 7% 이하인 소금물을 만들려고 한다. 섞어야 하는 10%의 소금물의 양의 범위를 구하여라.

x와 y가 만드는 익사이팅한 세계

IV 함수

▶ **좌표평면**

- x축은 가로의 수직선, y축은 세로의 수직선
- 좌표축은 x축과 y축을 통틀어 이르는 말
- 원점은 x축과 y축이 만나는 점 $O(0, 0)$
- 좌표평면은 좌표축이 정해져 있는 평면
- 점 P의 x좌표가 a, y좌표가 b일 때, $P(a, b)$

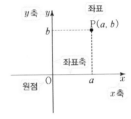

▶ **사분면**

- 좌표평면은 좌표축에 의하여 제1사분면, 제2사분면, 제3사분면, 제4사분면의 네 부분으로 나누어진다.

	제1사분면	제2사분면	제3사분면	제4사분면
x좌표	$+$	$-$	$-$	$+$
y좌표	$+$	$+$	$-$	$-$

▶ **함수**

- 여러 가지로 변하는 값을 나타내는 문자를 변수라 한다.
- 두 변수 x와 y에 대하여 x의 값이 정해짐에 따라 y의 값이 오직 하나씩 정해지는 관계가 있을 때 y는 x의 함수라 하고 $y = f(x)$로 쓴다.

  예 $y = 2x$, $y = \dfrac{1}{2}x + 1$, $y = \dfrac{1}{x}$, $y = 2x^2 + 3$, $\cdots$

- 함수 $y = f(x)$에서 변수 x의 값에 따라 하나로 결정되는 y의 값, 즉 $f(x)$를 x에 대한 함숫값이라 한다.

  예 함수 $f(x) = 4x$일 때, $x = 1$에서의 함숫값은 $f(1) = 4 \times 1 = 4$, $x = 3$에서의 함숫값은 $f(3) = 4 \times 3 = 12$이다.

▶ **그래프**

- 함수 $y = f(x)$에서 x와 그 함숫값 $f(x)$로 이루어진 순서쌍 $(x, f(x))$를 좌표로 하는 점 전체를 그 함수의 그래프라 한다.

24 정비례

51 정비례 관계

● **정비례**

두 변수 x, y에서 x의 값이 2배, 3배, 4배, …가 됨에 따라 y의 값도 2배, 3배, 4배, …가 되는 관계가 있을 때 y는 x에 **정비례**한다고 한다.

● **정비례 관계식**

y가 x에 정비례하면 x와 y 사이의 관계식은 $y = ax \ (a \neq 0)$로 나타낼 수 있다.

참고 y가 x에 정비례할 때, $\dfrac{y}{x} \ (x \neq 0)$의 값은 항상 일정하다.

즉 $y = ax \ (a \neq 0)$에서 $\dfrac{y}{x} = a \ (일정)$

예 한 자루에 500원인 연필 x자루의 가격을 y원이라 할 때, x와 y 사이의 관계를 표로 나타내면 아래와 같다.

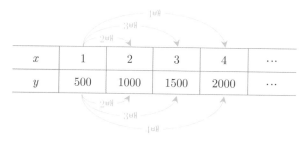

x	1	2	3	4	…
y	500	1000	1500	2000	…

위의 표에서 x의 값이 2배, 3배, 4배, …로 변함에 따라 y의 값도 2배, 3배, 4배, …로 변하므로 y는 x에 정비례하며 x와 y 사이의 관계를 식으로 나타내면 $y = 500x$이다.

01 다음 조건을 만족하는 x와 y 사이의 관계식을 구하여라.

(1) y가 x에 정비례하고, $x = 3$일 때 $y = -9$이다.

(2) y가 x에 정비례하고, $x = -12$일 때 $y = -2$이다.

정비례 관계의 그래프

● **정비례 관계의 그래프**

x의 값의 범위가 수 전체일 때, 정비례 관계 $y = ax\ (a \neq 0)$의 그래프는 원점을 지나는 직선이다.

> **Tip** 정비례 관계 $y = ax\ (a \neq 0)$의 그래프는 원점을 지나는 직선이므로 원점 O와 그래프가 지나는 다른 한 점을 찾아 직선으로 이으면 쉽게 그릴 수 있다.

● **정비례 관계 $y = ax\ (a \neq 0)$의 그래프의 성질**

	$a > 0$	$a < 0$
그래프		
그래프의 모양	원점을 지나고 오른쪽 위로 향하는 직선	원점을 지나고 오른쪽 아래로 향하는 직선
지나는 사분면	제1사분면, 제3사분면	제2사분면, 제4사분면
증가 · 감소	x의 값이 증가하면 y의 값도 증가	x의 값이 증가하면 y의 값은 감소

> **참고** 특별한 말이 없으면 정비례 관계 $y = ax\ (a \neq 0)$에서 x의 값의 범위는 수 전체로 생각한다.

● 정비례 관계 $y = 2x$의 그래프를 그려라.

→ $y = 2x$의 그래프는 원점과 점 $(1,\ 2)$를 지나므로 이 두 점을 좌표평면 위에 나타낸 후 직선으로 이으면 오른쪽 그림과 같다.

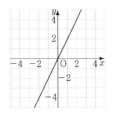

02 좌표평면 위에 다음 정비례 관계의 그래프를 그려라.

(1) $y = \dfrac{1}{2}x$

(2) $y = -x$

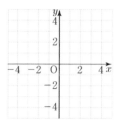 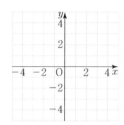

03 다음을 구하여라.

(1) 정비례 관계 $y = 3x$의 그래프가 점 $(a, -1)$을 지날 때, a의 값

(2) 정비례 관계 $y = -\dfrac{3}{4}x$의 그래프가 점 $(-4, a)$를 지날 때, a의 값

(3) 정비례 관계 $y = ax$의 그래프가 점 $\left(7, \dfrac{1}{3}\right)$을 지날 때, 상수 a의 값

04 정비례 관계 $y = ax$의 그래프가 다음 그림과 같을 때, 상수 a의 값을 구하여라.

(1)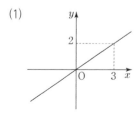

(2)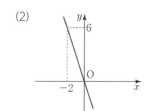

25 반비례

53 반비례 관계

● **반비례**

두 변수 x, y에서 x의 값이 2배, 3배, 4배, $\cdots$가 됨에 따라 y의 값은 $\frac{1}{2}$배, $\frac{1}{3}$배, $\frac{1}{4}$배, $\cdots$가 되는 관계가 있을 때 y는 x에 **반비례**한다고 한다.

● **반비례 관계식**

y가 x에 반비례하면 x와 y 사이의 관계식은 $y = \dfrac{a}{x}$ $(a \neq 0)$로 나타낼 수 있다.

참고 y가 x에 반비례할 때, xy의 값은 항상 일정하다.

즉 $y = \dfrac{a}{x}$ $(a \neq 0)$에서 $xy = a$ (일정)

예 가로의 길이가 x m, 세로의 길이가 y m 인 직사각형 모양의 꽃밭의 넓이가 36 m²라 할 때, x와 y 사이의 관계를 표로 나타내면 아래와 같다.

x	1	2	3	4	$\cdots$
y	36	18	12	9	$\cdots$

위의 표에서 x의 값이 2배, 3배, 4배, $\cdots$로 변함에 따라 y의 값은 $\frac{1}{2}$배, $\frac{1}{3}$배, $\frac{1}{4}$배, $\cdots$로 변하므로 y는 x에 반비례하며 x와 y 사이의 관계를 식으로 나타내면 $y = \dfrac{36}{x}$이다.

01 다음 조건을 만족하는 x와 y 사이의 관계식을 구하여라.

(1) y가 x에 반비례하고, $x = 5$일 때 $y = -3$이다.

(2) y가 x에 반비례하고, $x = -2$일 때 $y = -4$이다.

● 반비례 관계의 그래프

x의 값의 범위가 0을 제외한 수 전체일 때, 반비례 관계 $y = \dfrac{a}{x}$ $(a \neq 0)$의 그래프는 좌표축에 점점 가까워지면서 한없이 뻗어 나가는 한 쌍의 매끄러운 곡선이다.

● 반비례 관계 $y = \dfrac{a}{x}$ $(a \neq 0)$의 그래프의 성질

	$a > 0$	$a < 0$
그래프	$y = \dfrac{a}{x}$	$y = \dfrac{a}{x}$
그래프의 모양	좌표축에 점점 가까워지면서 한없이 뻗어나가는 원점에 대칭인 한 쌍의 매끄러운 곡선	
지나는 사분면	제1사분면, 제3사분면	제2사분면, 제4사분면
증가·감소	각 사분면에서 x의 값이 증가하면 y의 값은 감소	각 사분면에서 x의 값이 증가하면 y의 값도 증가

참고 특별한 말이 없으면 반비례 관계 $y = \dfrac{a}{x}$ $(a \neq 0)$에서 x의 값의 범위는 0이 아닌 수 전체로 생각한다.

예 반비례 관계 $y = \dfrac{4}{x}$의 그래프를 그려라.

→ $y = \dfrac{4}{x}$의 그래프는 점 $(-4, -1)$, $(-2, -2)$, $(-1, -4)$, $(1, 4)$, $(2, 2)$, $(4, 1)$을 지나므로 이 점들을 좌표평면 위에 나타낸 후 한 쌍의 매끄러운 곡선으로 이으면 오른쪽 그림과 같다.

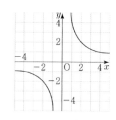

02 좌표평면 위에 다음 반비례 관계의 그래프를 그려라.

(1) $y = \dfrac{6}{x}$

(2) $y = -\dfrac{12}{x}$

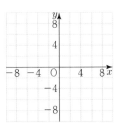

03 다음을 구하여라.

(1) 반비례 관계 $y = \dfrac{8}{x}$의 그래프가 점 $(a, \ -6)$을 지날 때, a의 값

(2) 반비례 관계 $y = \dfrac{20}{x}$의 그래프가 점 $(-5, \ a)$를 지날 때, a의 값

(3) 반비례 관계 $y = \dfrac{a}{x}$의 그래프가 점 $\left(-\dfrac{3}{4}, \ -4\right)$를 지날 때, 상수 a의 값

04 반비례 관계 $y = \dfrac{a}{x}$의 그래프가 다음 그림과 같을 때, 상수 a의 값을 구하여라.

(1)

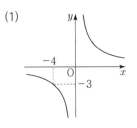

(2)

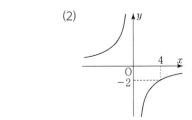

26 일차함수 (1)

055   일차함수의 뜻

함수 $y = f(x)$에서
$$y = ax + b \ (a, \ b는 \ 상수, \ a \neq 0)$$
와 같이 y가 x에 대한 일차식으로 나타날 때, 이 함수를 x에 대한 **일차함수**라 한다.

예 1 $y = 2x + 1$, $y = -x$, $y = \dfrac{1}{3}x - \dfrac{1}{5}$ → 일차함수이다.

예 2 $y = x^2 + x$, $y = \dfrac{1}{x}$, $y = 2$ → 일차함수가 아니다.

보충   일차함수의 함숫값

● **일차함수 $f(x) = ax + b$에서 $f(\bullet)$의 값 구하기**

① x 대신 $\bullet$를 대입한다.

② $f(\bullet) = a \times \bullet + b$

예   함수 $f(x) = 2x + 1$에 대하여 $x = 3$일 때의 함숫값

→ $f(3) = 2 \times 3 + 1 = 7$

---

01 일차함수 $y = f(x)$에서 $y = 3x - 4$일 때, 다음을 구하여라.

(1) $f(0)$ (2) $f(3)$

(3) $f(-1)$ (4) $f\left(\dfrac{1}{3}\right)$

(5) $f(1) - f(-2)$

56 일차함수 $y = ax + b\,(a \neq 0)$의 그래프

● **평행이동** : 한 도형을 일정한 방향으로 일정한
거리만큼 이동하는 것

● 일차함수 $y = ax + b\,(b \neq 0)$의 그래프는 일차함수
$y = ax$의 그래프를 y축의 방향으로 b만큼 평행이
동한 직선이다.

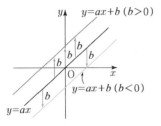

$$\boxed{y = ax} \xrightarrow[\text{b만큼 평행이동}]{\text{y축의 방향으로}} \boxed{y = ax + b}$$

📘 $y = 2x - 3$의 그래프는 $y = 2x$의 그래프를 y축의 방향으로 -3만큼 평행이동한 직선이다.

02 아래 그림의 일차함수의 그래프 ㉠~㉣은 일차함수 $y = 3x$의 그래프를 평행이동하
여 그린 것이다. 다음 물음에 답하여라.

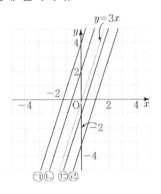

(1) 각각의 그래프는 일차함수 $y = 3x$의 그래프를 y축의 방향으로 얼마만큼 평행이
동한 것인지 구하여라.

㉠ : _____ ㉡ : _____ ㉢ : _____ ㉣ : _____

(2) 각각의 그래프를 나타내는 일차함수의 식을 구하여라.

㉠ : _____ ㉡ : _____

㉢ : _____ ㉣ : _____

03 다음 일차함수의 그래프를 y축의 방향으로 $[\quad]$ 안의 수만큼 평행이동한 그래프를 나타내는 일차함수의 식을 구하여라.

(1) $y = -4x \qquad [\,5\,]$

(2) $y = \dfrac{3}{5}x \qquad [-4\,]$

(3) $y = -3x + 2 \qquad \left[\dfrac{2}{3}\right]$

(4) $y = 2(x+2) \qquad [-1\,]$

🔵 **보충** **일차함수의 그래프 위의 점**

● 점 $(\bullet, \blacktriangle)$가 일차함수 $y = ax + b$의 그래프 위에 있다.
→ 일차함수 $y = ax + b$의 그래프가 점 $(\bullet, \blacktriangle)$를 지난다.
→ x 대신 $\bullet$, y 대신 $\blacktriangle$를 각각 대입하면 $\blacktriangle = a \times \bullet + b$

예 점 $(1, 3)$이 일차함수 $y = 2x + 1$의 그래프 위에 있다.
→ 일차함수 $y = 2x + 1$의 그래프가 점 $(1, 3)$을 지난다.
→ $x = 1$, $y = 3$을 각각 대입하면 $3 = 2 \times 1 + 1$이므로 성립한다.

---

04 다음을 구하여라.

(1) 일차함수 $y = ax - 3$의 그래프가 점 $(1, 1)$을 지날 때, 상수 a의 값

(2) 일차함수 $y = -\dfrac{3}{4}x + a$의 그래프가 점 $(-4, -2)$를 지날 때, 상수 a의 값

(3) 일차함수 $y = -2x + 2$의 그래프가 점 $(a, 3)$을 지날 때, a의 값

27 일차함수 (2)

057 일차함수의 그래프의 x절편, y절편

● **x절편** : 함수의 그래프가 x축과 만나는 점의 x좌표
  → $y=0$일 때, x의 값

● **y절편** : 함수의 그래프가 y축과 만나는 점의 y좌표
  → $x=0$일 때, y의 값

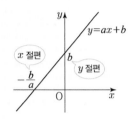

> **Tip**
> 일차함수 $y=ax+b$의 그래프에서 x절편은 $-\dfrac{b}{a}$, y절편은 b이다.

예 일차함수 $y=2x+6$의 그래프에서

$y=0$일 때, $0=2x+6$ $\therefore$ $x=-3$ → x절편 : -3

$x=0$일 때, $y=2\times0+6$ $\therefore$ $y=6$ → y절편 : 6

보충 x절편과 y절편을 이용하여 일차함수의 그래프 그리기

① x절편, y절편을 구한다.
② 각 절편이 나타내는 점을 좌표평면 위에 나타낸다.
③ 두 점을 직선으로 연결한다.

예 x절편과 y절편을 이용하여 일차함수 $y=-3x+6$의 그래프를 그려 보자.

① x절편, y절편을 구한다.   ② 두 점 $(x$절편, $0)$,   ③ 두 점을 직선으로 잇는다.
                                              $(0, y$절편$)$을 찍는다.

$x=-3x+6$에서
$y=0$일 때 $0=-3x+6$
$\therefore$ $x=2$, 즉 x절편은 2
$x=0$일 때 $y=-3\times0+6$
$\therefore$ $y=6$, 즉 y절편은 6

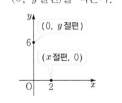

01 다음 일차함수의 그래프를 보고 표를 완성하여라.

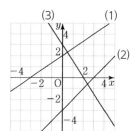

그래프	(1)	(2)	(3)
x축과의 교점의 좌표			
x절편			
y축과의 교점의 좌표			
y절편			

02 다음 일차함수의 그래프의 x절편과 y절편을 각각 구하여라.

(1) $y = -x + 5$

(2) $y = 4x + 2$

(3) $y = -\dfrac{3}{5}x - 2$

(4) $y = \dfrac{3}{2}x - \dfrac{1}{4}$

058 일차함수의 그래프의 기울기

일차함수 $y = ax + b$의 그래프에서

$$(기울기) = \frac{(y의\ 값의\ 증가량)}{(x의\ 값의\ 증가량)} = a$$

참고 일차함수 $y = ax + b$의 그래프의 기울기는 항상 a로 일정하다.

예 일차함수의 그래프에서 x의 값이 1에서 5까지 증가할 때, y의 값이 0에서 8까지 증가하면

$$(기울기) = \frac{(y의\ 값의\ 증가량)}{(x의\ 값의\ 증가량)} = \frac{8-0}{5-1} = 2$$

① y절편을 좌표평면 위에 나타낸다.
② 기울기를 이용하여 그래프가 지나는 다른 한 점을 찾는다.
③ 두 점을 직선으로 연결한다.

예 기울기와 y절편을 이용하여 일차함수 $y=-3x+6$의 그래프를 그려 보자.

① 기울기, y절편   ② 점 $(0, y$절편$)$ ③ 기울기를 이용하여   ④ 두 점을 직선으로
　을 구한다. 　　　　을 찍는다. 　　　　　지나는 한 점을 찍는다. 　 잇는다.

(기울기)$=-3$
(y절편)$=6$

---

03 다음 일차함수의 그래프를 보고 기울기를 구하여라.

(1)
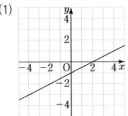

(2)
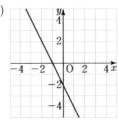

---

04 다음을 구하여라.

(1) 일차함수 $y=\dfrac{1}{3}x+2$의 그래프에서 x의 값의 증가량이 6일 때, y의 값의 증가량

(2) 일차함수 $y=-2x+5$의 그래프에서 x의 값이 -1에서 6까지 증가할 때, y의 값의 증가량

두 점 $(○, ●)$, $(△, ▲)$를 지나는 일차함수의 그래프에서 (단, $○ ≠ △$)

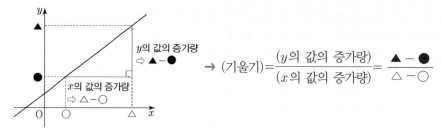

주의 두 점을 지나는 직선의 기울기를 구할 때, **빼는 순서**에 주의하자!

예 두 점 $(-3, 2)$, $(1, 14)$를 지나는 일차함수의 그래프의 기울기는

$$(\text{기울기}) = \frac{(y\text{의 값의 증가량})}{(x\text{의 값의 증가량})} = \frac{14-2}{1-(-3)} = 3$$

05 다음 두 점을 지나는 일차함수의 그래프의 기울기를 구하여라.

(1) $(-2, -5)$, $(3, 5)$

(2) $(1, 5)$, $(5, -1)$

28 일차함수와 일차방정식의 관계 (1)

060 일차함수와 일차방정식의 관계

● 미지수가 2개인 일차방정식 $ax+by+c=0\,(a,\ b,\ c$는 상수, $a \neq 0,\ b \neq 0)$의

그래프는 일차함수 $y=-\dfrac{a}{b}x-\dfrac{c}{b}$의 그래프와 같다.

$$ax+by+c=0\ (a \neq 0,\ b \neq 0) \quad \underset{\text{일차방정식}}{\overset{\text{일차함수}}{\longleftrightarrow}} \quad y=-\dfrac{a}{b}x-\dfrac{c}{b}$$

● **직선의 방정식**

미지수 x, y의 값의 범위가 수 전체일 때, 일차방정식

$$ax+by+c=0\ (a,\ b,\ c\text{는 상수},\ a \neq 0 \text{ 또는 } b \neq 0)$$

을 **직선의 방정식**이라 한다.

예 일차방정식 $x+3y+2=0$을 y에 대하여 풀면 $y=-\dfrac{1}{3}x-\dfrac{2}{3}$

따라서 일차방정식 $x+3y+2=0$의 그래프는 일차함수 $y=-\dfrac{1}{3}x-\dfrac{2}{3}$의 그래프와 같다.

01 다음 일차방정식을 일차함수 $y=ax+b$의 꼴로 나타내어라.

(1) $2x-y+3=0$

(2) $x+3y-6=0$

(3) $-3x+2y+1=0$

(4) $-8x-4y-3=0$

02 다음 일차방정식의 그래프를 그려라.

(1) $x-3y-3=0$

(2) $-2x-3y+6=0$

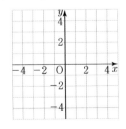

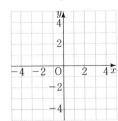

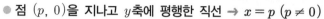

● 점 $(p, 0)$을 지나고 y축에 평행한 직선 → $x = p\ (p \neq 0)$

▷ x좌표가 항상 p

▷ x축에 수직인 직선

▷ 함수가 아니다.

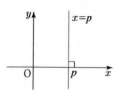

● 점 $(0, q)$를 지나고 x축에 평행한 직선 → $y = q\ (q \neq 0)$

▷ y좌표가 항상 q

▷ y축에 수직인 직선

▷ 함수이다.

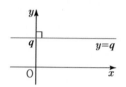

예 1 일차방정식 $x = 3$의 그래프는 점 $(3, 0)$을 지나고 y축에 평행한 직선이다.

2 일차방정식 $y = -2$의 그래프는 점 $(0, -2)$를 지나고 x축에 평행한 직선이다.

03 다음 직선을 그래프로 하는 방정식을 구하여라.

(1)

(2)

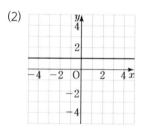

04 다음 직선의 방정식을 구하여라.

(1) 점 $(2, -3)$을 지나고 x축에 평행한 직선

(2) 점 $(-1, 4)$를 지나고 y축에 평행한 직선

(3) 점 $(3, 5)$를 지나고 x축에 수직인 직선

(4) 점 $(-2, -4)$를 지나고 y축에 수직인 직선

연립방정식의 해와 그래프

연립일차방정식 $\begin{cases} ax + by + c = 0 \\ a'x + b'y + c' = 0 \end{cases}$ 의 해는 두 일차방정식

$ax + by + c = 0$, $a'x + b'y + c' = 0$의 그래프의 교점의 좌표와 같다.

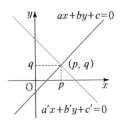

┌─────────────────────┐   ┌─────────────────────┐
│ 연립일차방정식의 해   │ ⟷   │ 두 일차방정식의 그래프의   │
│ $x = p$, $y = q$ │   │ 교점의 좌표 $(p,\ q)$ │
└─────────────────────┘   └─────────────────────┘

📝 연립일차방정식 $\begin{cases} x + y = 3 \\ x - y = 1 \end{cases}$ 의 해는 $x = 2$, $y = 1$이다.

⇔ 두 일차방정식 $x + y = 3$, $x - y = 1$의 그래프의 교점의 좌표는 $(2,\ 1)$이다.

05 주어진 연립방정식의 그래프가 오른쪽 그림과 같을 때, 이 연립방정식의 해를 구하여라.

(1) $\begin{cases} 4x - y = -5 \\ x - 2y = 4 \end{cases}$

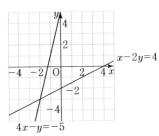

(2) $\begin{cases} x + 2y = 4 \\ 3x - 2y = 4 \end{cases}$

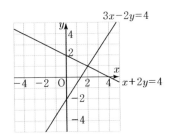

06 다음과 같이 각각의 연립방정식을 풀기 위해 두 일차방정식의 그래프를 그렸다. 이때 상수 a, b의 값을 각각 구하여라.

(1) $\begin{cases} ax + 3y = 6 \\ 2x + by = 3 \end{cases}$

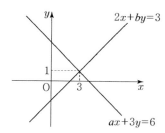

(2) $\begin{cases} x - 2y = -a \\ bx + y = -2 \end{cases}$

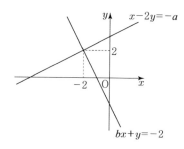

(3) $\begin{cases} x + ay = 8 \\ 3x + 2y = -b \end{cases}$

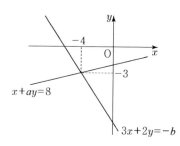

29 일차함수와 일차방정식의 관계 (2)

063 **직선의 방정식 구하기 ① – 기울기와 y절편을 알 때**

● 기울기가 a이고 y절편이 b인 직선의 방정식

▷ $y = ax + b$

㉮ 기울기가 3이고 y절편이 -2인 직선의 방정식은 $y = 3x - 2$

01 다음 직선의 방정식을 구하여라.

(1) 기울기가 4이고 y절편이 -1인 직선

(2) 기울기가 $-\dfrac{3}{2}$이고 점 $(0,\ 4)$를 지나는 직선

(3) x의 값이 2만큼 증가할 때, y의 값은 4만큼 증가하고 y절편이 -3인 직선

064 **직선의 방정식 구하기 ② – 기울기와 한 점의 좌표를 알 때**

● **기울기가 a이고 한 점 $(♥,\ ♣)$을 지나는 직선의 방정식**

① 구하는 직선의 방정식을 $y = ax + b$로 놓는다.

② $x = ♥$, $y = ♣$을 $y = ax + b$에 대입하여 b의 값을 구한다.

㉮ 기울기가 2이고 점 $(1,\ 3)$을 지나는 직선의 방정식은

① 기울기가 2이므로 구하는 직선의 방정식을 $y = 2x + b$로 놓는다.

② 점 $(1,\ 3)$을 지나므로 $x = 1$, $y = 3$을 $y = 2x + b$에 대입하면

$\quad 3 = 2 \times 1 + b \quad \therefore \ b = 1$

따라서 구하는 직선의 방정식은 $y = 2x + 1$이다.

02 다음 조건을 만족하는 직선의 방정식을 구하여라.

(1) 기울기가 3이고 점 $(2, -1)$을 지나는 직선

(2) 기울기가 $-\dfrac{1}{4}$이고 $x = 4$일 때, $y = 3$인 직선

(3) x의 값이 3만큼 증가할 때, y의 값은 2만큼 증가하고 점 $(1, 1)$을 지나는 직선

065 직선의 방정식 구하기 ③ – x절편, y절편을 알 때

● x절편이 p, y절편이 q인 직선의 방정식

① 두 점 $(p, 0)$, $(0, q)$를 지나는 직선이므로 $y = ax + q$로 놓는다.

② 기울기 a의 값을 구한다.

$$a = \frac{(y\text{의 값의 증가량})}{(x\text{의 값의 증가량})} = \frac{q-0}{0-p} = -\frac{q}{p}$$

참고 x절편이 p, y절편이 q인 직선의 방정식은 $y = -\dfrac{q}{p}x + q$이다.

예 x절편이 2, y절편이 -4인 직선의 방정식은 두 점 $(2, 0)$, $(0, -4)$를 지나므로 기울기는

$\dfrac{-4-0}{0-2} = 2$이고 y절편은 -4 ∴ $y = 2x - 4$

03 다음 직선의 방정식을 구하여라.

(1) x절편이 4, y절편이 6인 직선

(2) 두 점 $(-2, 0)$, $(0, 1)$을 지나는 직선

(3) 두 점 $(0, -5)$, $(-5, 0)$을 지나는 직선

04 다음 그림과 같은 직선의 방정식을 구하여라.

(1)

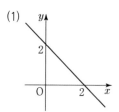

(2)

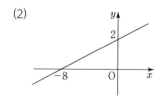

직선의 방정식 구하기 ④ – 두 점의 좌표를 알 때

● 두 점 (x_1, y_1), (x_2, y_2)를 지나는 직선의 방정식 (단, $x_1 \neq x_2$)

① $y = ax + b$로 놓는다.

② 기울기 a를 구한다. → $a = \dfrac{y_2 - y_1}{x_2 - x_1}$

③ 한 점의 좌표를 $y = ax + b$에 대입하여 b의 값을 구한다.

참고 두 점을 지나는 직선의 방정식은 두 점의 좌표를 $y = ax + b$에 각각 대입하여 얻은 a, b에 대한 연립방정식을 풀어 구할 수도 있다.

예 두 점 $(1, -3)$, $(2, -1)$을 지나는 직선의 방정식은

① $y = ax + b$로 놓는다.

② 기울기 a의 값을 구한다.

   $a = \dfrac{-1 - (-3)}{2 - 1} = \dfrac{2}{1} = 2$ → $y = 2x + b$

③ 두 점 중 한 점의 좌표를 ②에서 구한 식에 대입하여 b의 값을 구한다.

   점 $(1, -3)$을 지나므로 $x = 1$, $y = -3$을 $y = 2x + b$에 대입하면

   $-3 = 2 \times 1 + b$ ∴ $b = -5$, 즉 $y = 2x - 5$

05 다음 두 점을 지나는 직선의 방정식을 구하여라.

(1) $(1, 1)$, $(2, -7)$

(2) $(-2, -10)$, $(5, -3)$

(3) $(1, -1)$, $(-2, -3)$

(4) $(-6, -1)$, $(3, -4)$

06 다음 그림과 같은 직선의 방정식을 구하여라.

(1)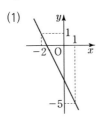

(2)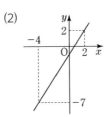

30 이차함수 (1)

067 이차함수의 뜻

함수 $y = f(x)$에서

$$y = ax^2 + bx + c \ (a, \ b, \ c는 \ 상수, \ a \neq 0)$$

와 같이 y가 x에 대한 이차식으로 나타내어질 때, 이 함수를 x에 대한 **이차함수**라 한다.

예 1 $y = -2x^2 + x$, $y = \dfrac{1}{2}x^2 + 3x - 4$ → 이차함수이다.

2 $y = x - 1$, $y = \dfrac{1}{x^2}$, $y = 2x^3 + 5$ → 이차함수가 아니다.

보충 이차함수의 함숫값

● 이차함수 $f(x) = ax^2 + bx + c$에서 $f(▲)$의 값 구하기

① x 대신 ▲를 대입한다.

② $f(▲) = a \times ▲^2 + b \times ▲ + c$

예 함수 $f(x) = x^2 + 6x - 8$에 대하여 $x = 2$일 때의 함숫값

→ $f(2) = 2^2 + 6 \times 2 - 8 = 8$

01 이차함수 $f(x) = x^2 + 5x - 6$에 대하여 다음을 구하여라.

(1) $f(0)$

(2) $f(1)$

(3) $f(-2)$

(4) $f\left(-\dfrac{1}{2}\right)$

(5) $f(3) - f(-1)$

068 이차함수 $y = ax^2 \ (a \neq 0)$의 그래프

- $a > 0$이면 **아래로 볼록**, $a < 0$이면 **위로 볼록**
- 꼭짓점의 좌표 : $(0, \ 0)$
- 축의 방정식 : $x = 0 \ (y$축$)$
- a의 절댓값이 클수록 그래프의 폭이 좁아진다.
- 이차함수 $y = -ax^2$의 그래프와 x축에 대칭이다.

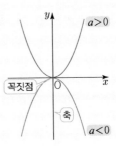

참고 이차함수 $y = ax^2 \ (a \neq 0)$의 그래프에서의 증가·감소

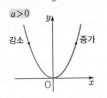

▷ $x > 0$일 때, x의 값이 증가하면 y의 값도 증가한다.
▷ $x < 0$일 때, x의 값이 증가하면 y의 값은 감소한다.

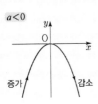

▷ $x > 0$일 때, x의 값이 증가하면 y의 값은 감소한다.
▷ $x < 0$일 때, x의 값이 증가하면 y의 값도 증가한다.

02 다음 표를 완성하여라.

	$y = 2x^2$	$y = -\dfrac{1}{3}x^2$
그래프의 모양		
꼭짓점의 좌표		
축의 방정식		
x의 값이 증가할 때 y의 값도 증가하는 x의 값의 범위		
x축에 대하여 대칭인 그래프의 식		

이차함수 $y = ax^2 + q \ (a \neq 0)$의 그래프

- 이차함수 $y = ax^2$의 그래프를 y축의 방향으로 q만큼 평행이동한 것
- 꼭짓점의 좌표 : $(0, \ q)$
- 축의 방정식 : $x = 0 \ (y$축$)$

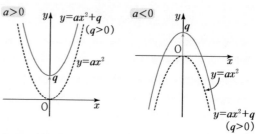

$$y = ax^2 \xrightarrow[\ q\text{만큼 평행이동}\ ]{\ y\text{축의 방향으로}\ } y = ax^2 + q$$

(예) 이차함수 $y = x^2 + 3$의 그래프
- 이차함수 $y = x^2$의 그래프를 y축의 방향으로 3만큼 평행이동한 것
- 꼭짓점의 좌표 : $(0, \ 3)$
- 축의 방정식 : $x = 0$
- x의 값이 증가할 때 y의 값도 증가하는 x의 값의 범위 : $x > 0$

03 아래 이차함수의 그래프를 y축의 방향으로 [ ] 안의 수만큼 평행이동한 그래프에 대하여 다음을 구하여라.

(1) $y = \dfrac{1}{2}x^2$ 　 $[\,1\,]$

① 이차함수의 식 : 　　　　　　② 꼭짓점의 좌표 :

③ 축의 방정식 :

④ x의 값이 증가할 때 y의 값도 증가하는 x의 값의 범위 :

(2) $y = -2x^2$ 　 $[-5]$

① 이차함수의 식 : 　　　　　　② 꼭짓점의 좌표 :

③ 축의 방정식 :

④ x의 값이 증가할 때 y의 값도 증가하는 x의 값의 범위 :

070 이차함수 $y = a(x-p)^2 \, (a \neq 0)$의 그래프

● 이차함수 $y = ax^2$의 그래프를
  x축의 방향으로 p만큼 평행이동한 것
● 꼭짓점의 좌표 : $(p, \, 0)$
● 축의 방정식 : $x = p$

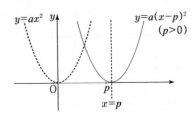

$$\boxed{y = ax^2} \xrightarrow[p\text{만큼 평행이동}]{x\text{축의 방향으로}} \boxed{y = a(x-p)^2}$$

📘 이차함수 $y = (x-1)^2$의 그래프

- 이차함수 $y = x^2$의 그래프를 x축의 방향으로 1만큼 평행이동한 것
- 꼭짓점의 좌표 : $(1, \, 0)$
- 축의 방정식 : $x = 1$
- x의 값이 증가할 때 y의 값도 증가하는 x의 값의 범위 : $x > 1$

04 아래 이차함수의 그래프를 x축의 방향으로 $[\quad]$ 안의 수만큼 평행이동한 그래프에 대하여 다음을 구하여라.

(1) $y = -2x^2 \quad [-1]$

　① 이차함수의 식 :　　　　　② 꼭짓점의 좌표 :

　③ 축의 방정식 :

　④ x의 값이 증가할 때 y의 값도 증가하는 x의 값의 범위 :

(2) $y = 5x^2 \quad \left[\dfrac{1}{2}\right]$

　① 이차함수의 식 :　　　　　② 꼭짓점의 좌표 :

　③ 축의 방정식 :

　④ x의 값이 증가할 때 y의 값도 증가하는 x의 값의 범위 :

071 이차함수 $y = a(x-p)^2 + q \, (a \neq 0)$의 그래프

● 이차함수 $y = ax^2$의 그래프를 x축의 방향으로 p만큼, y축의 방향으로 q만큼 평행이동한 그래프

● 꼭짓점의 좌표 : $(p, \, q)$

● 축의 방정식 : $x = p$

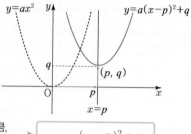

$$\boxed{y = ax^2} \xrightarrow[\text{y축의 방향으로 q만큼 평행이동}]{\text{x축의 방향으로 p만큼,}} \boxed{y = a(x-p)^2 + q}$$

참고 이차함수 $y = a(x-p)^2 + q$의 꼴을 이차함수의 표준형이라 한다.

예 이차함수 $y = 2(x-1)^2 + 3$의 그래프

■ 이차함수 $y = 2x^2$의 그래프를 x축의 방향으로 1만큼, y축의 방향으로 3만큼 평행이동한 것

■ 꼭짓점의 좌표 : $(1, \, 3)$

■ 축의 방정식 : $x = 1$

■ x의 값이 증가할 때 y의 값도 증가하는 x의 값의 범위 : $x > 1$

05 아래 이차함수의 그래프를 x축의 방향으로 p만큼, y축의 방향으로 q만큼 평행이동한 그래프에 대하여 다음을 구하여라.

(1) $y = 3x^2$ $\quad [p = 2, \ q = -1]$

① 이차함수의 식 :   ② 꼭짓점의 좌표 :

③ 축의 방정식 :

④ x의 값이 증가할 때 y의 값도 증가하는 x의 값의 범위 :

(2) $y = -2x^2$ $\quad [p = -3, \ q = 2]$

① 이차함수의 식 :   ② 꼭짓점의 좌표 :

③ 축의 방정식 :

④ x의 값이 증가할 때 y의 값도 증가하는 x의 값의 범위 :

31 이차함수 (2)

072 이차함수 $y = ax^2 + bx + c$의 그래프

● $y = a(x-p)^2 + q$의 꼴로 고쳐서 생각한다.

→ $y = ax^2 + bx + c = a\left(x + \dfrac{b}{2a}\right)^2 - \dfrac{b^2 - 4ac}{4a}$

● 꼭짓점의 좌표 : $\left(-\dfrac{b}{2a},\ -\dfrac{b^2 - 4ac}{4a}\right)$

● 축의 방정식 : $x = -\dfrac{b}{2a}$

● y축과의 교점의 좌표 : $(0,\ c)$

참고 이차함수 $y = ax^2 + bx + c$의 꼴을 이차함수의 일반형이라 한다.

예 $y = 2x^2 - 12x + 5$

$= 2(x^2 - 6x + 9 - 9) + 5$

$= 2(x-3)^2 - 13$

■ 꼭짓점의 좌표 : $(3,\ -13)$

■ 축의 방정식 : $x = 3$

■ y축과의 교점의 좌표 : $(0,\ 5)$

01 이차함수 $y = -3x^2 + 12x - 5$에 대하여 다음을 구하여라.

(1) $y = a(x-p)^2 + q$의 꼴 :

(2) 꼭짓점의 좌표 :

(3) 축의 방정식 :

(4) y축과의 교점 :

① 이차함수의 식을 $y = a(x-p)^2 + q$로 놓는다.
② 다른 한 점의 좌표를 대입하여 a의 값을 구한다.

 그래프의 꼭짓점의 좌표가 $(1, 3)$이고 점 $(2, 4)$를 지나는 이차함수의 식은

　① 이차함수의 식을 $y = a(x-1)^2 + 3$으로 놓고
　② $x = 2$, $y = 4$를 대입하면 $4 = a(2-1)^2 + 3$ ∴ $a = 1$
　→ $y = (x-1)^2 + 3$, 즉 $y = x^2 - 2x + 4$

02 다음과 같은 포물선을 그래프로 하는 이차함수의 식을 $y = ax^2 + bx + c$의 꼴로 나타내어라.

(1) 꼭짓점의 좌표가 $(3, -1)$이고 점 $(1, -5)$를 지나는 포물선

(2)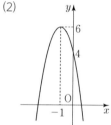

(3)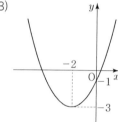

① 이차함수의 식을 $y = a(x-p)^2 + q$로 놓는다.
② 두 점의 좌표를 각각 대입하여 a, q의 값을 구한다.

 그래프의 축의 방정식이 $x = -2$이고 두 점 $(-4, 8)$, $(-1, -1)$을 지나는 이차함수의 식은

　① 이차함수의 식을 $y = a(x+2)^2 + q$로 놓고
　② $x = -4$, $y = 8$을 대입하면 $8 = a(-4+2)^2 + q$
　　∴ $4a + q = 8$ ····· ㉠
　　$x = -1$, $y = -1$을 대입하면 $-1 = a(-1+2)^2 + q$
　　∴ $a + q = -1$ ····· ㉡
　　㉠, ㉡을 연립하여 풀면 $a = 3$, $q = -4$
　→ $y = 3(x+2)^2 - 4$, 즉 $y = 3x^2 + 12x + 8$

03 다음과 같은 포물선을 그래프로 하는 이차함수의 식을 $y = ax^2 + bx + c$의 꼴로 나타내어라.

(1) 축의 방정식이 $x = -1$이고 두 점 $(-2, 5)$, $(1, 2)$를 지나는 포물선

(2)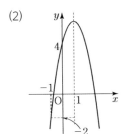

(3)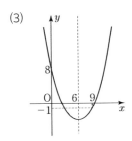

---

075 이차함수의 식 구하기 ③ – 그래프 위의 서로 다른 세 점을 알 때

① 이차함수의 식을 $y = ax^2 + bx + c$로 놓는다.

② 세 점의 좌표를 각각 대입하여 a, b, c의 값을 구한다.

참고 x축과의 두 교점의 좌표 $(m, 0)$, $(n, 0)$과 그래프 위의 다른 한 점을 알 때

① 이차함수의 식을 $y = a(x - m)(x - n)$으로 놓는다.

② 한 점의 좌표를 대입하여 a의 값을 구한다.

예 1 그래프가 세 점 $(-1, -6)$, $(0, 1)$, $(2, 9)$를 지나는 이차함수의 식은

① 이차함수의 식을 $y = ax^2 + bx + c$로 놓고

② $x = -1$, $y = -6$을 대입하면 $-6 = a - b + c$ ······ ㉠

$x = 0$, $y = 1$을 대입하면 $1 = c$ ······ ㉡

$x = 2$, $y = 9$를 대입하면 $9 = 4a + 2b + c$ ······ ㉢

㉠, ㉡, ㉢을 연립하여 풀면 $a = -1$, $b = 6$, $c = 1$

➜ $y = -x^2 + 6x + 1$

2 그래프와 x축의 두 교점의 좌표가 $(-2, 0)$, $(1, 0)$이고, 점 $(2, 8)$을 지나는 이차함수의 식은

① 이차함수의 식을 $y = a(x + 2)(x - 1)$로 놓고

② $x = 2$, $y = 8$을 대입하면 $8 = a(2 + 2)(2 - 1)$ ∴ $a = 2$

➜ $y = 2(x + 2)(x - 1)$, 즉 $y = 2x^2 + 2x - 4$

04 다음과 같은 포물선을 그래프로 하는 이차함수의 식을 $y = ax^2 + bx + c$의 꼴로 나타내어라.

(1) 세 점 $(0, 4)$, $(1, 1)$, $(2, 4)$를 지나는 포물선

(2) x축과 두 점 $(-1, 0)$, $(3, 0)$에서 만나고, 점 $(2, -6)$을 지나는 포물선

(3)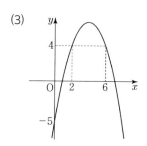

(4)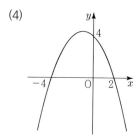

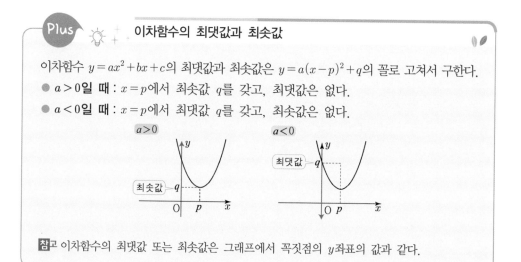

Plus **이차함수의 최댓값과 최솟값**

이차함수 $y = ax^2 + bx + c$의 최댓값과 최솟값은 $y = a(x - p)^2 + q$의 꼴로 고쳐서 구한다.
- $a > 0$일 때 : $x = p$에서 최솟값 q를 갖고, 최댓값은 없다.
- $a < 0$일 때 : $x = p$에서 최댓값 q를 갖고, 최솟값은 없다.

참고 이차함수의 최댓값 또는 최솟값은 그래프에서 꼭짓점의 y좌표의 값과 같다.

예 **1** $y = 2(x - 1)^2 - 4$는 $x = 1$에서 최솟값 -4를 갖고, 최댓값은 없다.
  2 $y = -3x^2 + 1$은 $x = 0$에서 최댓값 1을 갖고, 최솟값은 없다.

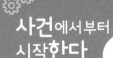

V 확률과 통계

▶ **사건과 경우의 수**

– 사건은 실험이나 관찰에 의하여 나타나는 결과

– 경우의 수는 사건이 일어날 수 있는 경우의 가짓수

예) 한 개의 주사위를 던진다. → 실험, 관찰

짝수의 눈이 나온다. → 사건

짝수의 눈의 수는 2, 4, 6의 3이다. → 경우의 수

▶ **사건 A 또는 사건 B가 일어나는 경우의 수(합의 법칙)**

– 두 사건 A, B가 동시에 일어나지 않을 때,

사건 A가 일어나는 경우의 수가 m, 사건 B가 일어나는 경우의 수가 n이면

(사건 A 또는 사건 B가 일어나는 경우의 수)$=m+n$

예) 오른쪽 그림과 같이 집에서 도서관으로 가
는 길은 A방향에 2가지, B방향에 4가지가
있다. 집에서 도서관으로 가는 모든 경우의
수는 $2+4=6$

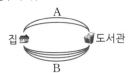

▶ **사건 A와 사건 B가 동시에 일어나는 경우의 수(곱의 법칙)**

– 사건 A가 일어나는 경우의 수가 m이고 그 각각에 대하여 사건 B가 일어나는
경우의 수가 n이면

(사건 A와 사건 B가 동시에 일어나는 경우의 수)$=m\times n$

예) 어느 햄버거 가게에 햄버거 3종류, 음료 2종류가 있다. 이 가게에서 햄버거
와 음료를 한 개씩 주문하는 경우의 수는 $3\times2=6$

32 경우의 수

076 한 줄로 세우는 경우의 수

- n명을 한 줄로 세우는 경우의 수 → $n \times (n-1) \times (n-2) \times \cdots \times 3 \times 2 \times 1$
- n명 중에서 2명을 뽑아 한 줄로 세우는 경우의 수 → $n \times (n-1)$
- n명 중에서 3명을 뽑아 한 줄로 세우는 경우의 수 → $n \times (n-1) \times (n-2)$

예 1 4명을 한 줄로 세우는 경우의 수는 $4 \times 3 \times 2 \times 1 = 24$이다.

2 4명 중 2명을 뽑아 한 줄로 세우는 경우의 수는 $4 \times 3 = 12$이다.

3 4명 중 3명을 뽑아 한 줄로 세우는 경우의 수는 $4 \times 3 \times 2 = 24$이다.

01 다음을 구하여라.

(1) 6명을 한 줄로 세우는 경우의 수

(2) 3명 중에서 2명을 뽑아 한 줄로 세우는 경우의 수

(3) 5명 중에서 3명을 뽑아 한 줄로 세우는 경우의 수

02 A, B, C, D, E 다섯 명을 한 줄로 세울 때, 다음을 구하여라.

(1) A가 맨 앞에 서는 경우의 수

(2) A가 맨 앞에, B가 맨 뒤에 서는 경우의 수

(3) A, B가 양 끝에 서는 경우의 수

① 이웃하는 것을 하나로 묶어 한 줄로 세우는 경우의 수를 구한다.
② 묶음 안에서 자리를 바꾸는 경우의 수를 구한다.
③ ①에서 구한 경우의 수와 ②에서 구한 경우의 수를 곱한다.

$$\boxed{\text{이웃하는 것을 하나로 묶어서 한 줄로 세우는 경우의 수}} \times \boxed{\text{묶음 안에서 자리를 바꾸는 경우의 수}}$$

예 A, B, C 세 명을 한 줄로 세울 때, A, B가 이웃하여 서는 경우의 수
→ A, B를 1명으로 생각하여 2명을 한 줄로 세우는 경우의 수는 $2 \times 1 = 2$
이때 A, B가 자리를 바꾸는 경우의 수는 $2 \times 1 = 2$이므로
구하는 경우의 수는 $2 \times 2 = 4$

077 카드를 뽑아 정수를 만드는 경우의 수

서로 다른 한 자리의 숫자가 각각 적힌 n장의 카드에서

● 0을 포함하지 않는 경우
▷ 2장을 뽑아 만들 수 있는 두 자리 자연수의 개수 → $n \times (n-1)$
▷ 3장을 뽑아 만들 수 있는 세 자리 자연수의 개수 → $n \times (n-1) \times (n-2)$

● 0을 포함하는 경우 : 맨 앞자리에는 0이 올 수 없다.
▷ 2장을 뽑아 만들 수 있는 두 자리 자연수의 개수 → $(n-1) \times (n-1)$
▷ 3장을 뽑아 만들 수 있는 세 자리 자연수의 개수
→ $(n-1) \times (n-1) \times (n-2)$

예 1 1, 2, 3, 4의 숫자가 적힌 4장의 카드 중에서 두 장을 뽑아 만들 수 있는 두 자리 자연수의 개수 → $4 \times 3 = 12$

2 0, 1, 2, 3의 숫자가 적힌 4장의 카드 중에서 두 장을 뽑아 만들 수 있는 두 자리 자연수의 개수 → $3 \times 3 = 9$

03 다음 숫자가 각각 적혀 있는 카드에서 2장을 뽑아 만들 수 있는 두 자리 자연수의 개수와 3장을 뽑아 만들 수 있는 세 자리 자연수의 개수를 각각 구하여라.

(1) 1, 3, 5, 7, 9

(2) 0, 1, 2, 3, 4, 5

04 1, 2, 3, 5가 각각 하나씩 적힌 4장의 카드 중에서 두 장을 뽑아 두 자리 자연수를 만들 때, 다음을 만족하는 자연수의 개수를 구하여라.

(1) 홀수

(2) 짝수

(3) 30보다 큰 수

05 0, 1, 2, 4가 각각 하나씩 적힌 4장의 카드 중에서 두 장을 뽑아 두 자리 자연수를 만들 때, 다음을 만족하는 자연수의 개수를 구하여라.

(1) 홀수

(2) 짝수

(3) 20보다 작은 수

78 대표를 뽑는 경우의 수

● 자격이 다른 대표를 뽑는 경우의 수 (뽑는 순서와 상관이 있다.)
　　▷ n명 중에서 자격이 다른 대표 2명을 뽑는 경우의 수 ➡ $n \times (n-1)$
　　▷ n명 중에서 자격이 다른 대표 3명을 뽑는 경우의 수 ➡ $n \times (n-1) \times (n-2)$

● 자격이 같은 대표를 뽑는 경우의 수 (뽑는 순서와 상관이 없다.)

　　▷ n명 중에서 자격이 같은 대표 2명을 뽑는 경우의 수 ➡ $\dfrac{n \times (n-1)}{2 \times 1}$

　　▷ n명 중에서 자격이 같은 대표 3명을 뽑는 경우의 수 ➡ $\dfrac{n \times (n-1) \times (n-2)}{3 \times 2 \times 1}$

회장 부회장 ≒ 회장 부회장　　대표 대표 = 대표 대표

예 1 세 명의 후보 A, B, C 중에서 회장 1명, 부회장 1명을 뽑는 경우의 수 ➡ $3 \times 2 = 6$

　　2 세 명의 후보 A, B, C 중에서 대표 2명을 뽑는 경우의 수 ➡ $\dfrac{3 \times 2}{2} = 3$

06 다섯 명의 후보 A, B, C, D, E 중에서 다음과 같이 뽑는 경우의 수를 구하여라.

(1) 회장 1명, 부회장 1명

(2) 회장 1명, 부회장 1명, 서기 1명

(3) 대표 2명

(4) 대표 3명

(5) 대표 2명, 서기 1명

Plus ✦ **선분 또는 삼각형의 개수 구하기**

어느 세 점도 한 직선 위에 있지 않은 $n\,(n \geq 3)$개의 점 중에서

● 두 점을 이어서 만들 수 있는 선분의 개수 ➜ $\dfrac{n \times (n-1)}{2 \times 1}$

● 세 점을 이어서 만들 수 있는 삼각형의 개수 ➜ $\dfrac{n \times (n-1) \times (n-2)}{3 \times 2 \times 1}$

예 오른쪽 그림과 같이 원 위에 4개의 점 A, B, C, D에 대하여

1 두 점을 이어서 만들 수 있는 선분의 개수는 $\dfrac{4 \times 3}{2 \times 1} = 6$

2 세 점을 이어서 만들 수 있는 삼각형의 개수는 $\dfrac{4 \times 3 \times 2}{3 \times 2 \times 1} = 4$

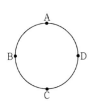

33 확률 (1)

079 확률의 뜻

어떤 실험이나 관찰에서 일어나는 모든 경우의 수가 n이고 각 경우가 일어날 가능성이 모두 같을 때, 사건 A가 일어나는 경우의 수가 a이면 사건 A가 일어날 확률 p는

$$p = \frac{(\text{사건 } A\text{가 일어나는 경우의 수})}{(\text{모든 경우의 수})} = \frac{a}{n}$$

예 한 개의 주사위를 던질 때 짝수의 눈이 나올 확률은

$$\frac{(\text{짝수의 눈이 나오는 경우의 수})}{(\text{모든 경우의 수})} = \frac{3}{6} = \frac{1}{2}$$

01 1에서 15까지의 수가 각각 적힌 15장의 카드가 있다. 이 중에서 한 장을 뽑을 때, 다음을 구하여라.

(1) 짝수가 나올 확률

(2) 5의 배수가 나올 확률

(3) 10보다 작은 수가 나올 확률

02 서로 다른 두 개의 동전을 동시에 던질 때, 다음을 구하여라.

(1) 앞면이 1개 나올 확률

(2) 앞면이 2개 나올 확률

03 서로 다른 두 개의 주사위를 동시에 던질 때, 다음을 구하여라.

(1) 두 눈의 수가 같을 확률

(2) 두 눈의 수의 합이 4일 확률

확률의 성질

어떤 사건 A가 일어날 확률을 p라 하면
- $0 \le p \le 1$
- 절대로 일어나지 않는 사건의 확률은 0이다.
- 반드시 일어나는 사건의 확률은 1이다.
- (사건 A가 일어나지 않을 확률)$= 1 - p$

참고 '~가 아닐 확률', '적어도 ~일 확률'이라는 표현이 있으면 어떤 사건이 일어나지 않을
확률을 이용한다.

예 한 개의 주사위를 던질 때,
  1 6보다 큰 눈이 나올 확률은 0이다.
  2 6 이하의 눈이 나올 확률은 1이다.
  3 2 이하의 눈이 나올 확률이 $\dfrac{1}{3}$이므로 2 이하의 눈이 나오지 않을 확률은 $1 - \dfrac{1}{3} = \dfrac{2}{3}$

04 다음을 구하여라.

(1) 1부터 8까지의 자연수가 각각 하나씩 적힌 8장의 카드 중에서 한 장을 뽑을 때, 9 이상의 수가 나올 확률

(2) 동전 한 개를 던질 때, 앞면 또는 뒷면이 나올 확률

(3) 서로 다른 두 개의 주사위를 동시에 던질 때, 눈의 수의 합이 12 이하일 확률

(4) 빨간 공 5개, 노란 공 3개가 들어 있는 주머니에서 한 개의 공을 꺼낼 때, 파란 공을 꺼낼 확률

05 다음을 구하여라.

(1) 사건 A가 일어날 확률이 $\dfrac{2}{3}$일 때, 사건 A가 일어나지 않을 확률

(2) 10개의 제비 중 3개의 당첨 제비가 들어 있다. 이 중에서 임의로 한 개의 제비를 뽑을 때, 당첨되지 않을 확률

(3) 서로 다른 두 개의 동전을 동시에 던질 때, 뒷면이 적어도 한 개 나올 확률

(4) 서로 다른 두 개의 주사위를 동시에 던질 때, 홀수의 눈이 적어도 한 개 나올 확률

34 확률 (2)

081 확률의 덧셈

두 사건 A, B가 동시에 일어나지 않을 때, 사건 A가 일어날 확률을 p, 사건 B가 일어날 확률을 q라 하면

$$(\text{사건 } A \text{ 또는 사건 } B\text{가 일어날 확률})= p+q$$

예 한 개의 주사위를 던질 때, 2 이하 또는 5 이상의 눈이 나올 확률은

$(2 \text{ 이하의 눈이 나올 확률})+(5 \text{ 이상의 눈이 나올 확률})=\dfrac{1}{3}+\dfrac{1}{3}=\dfrac{2}{3}$

01 다음을 구하여라.

(1) 1부터 10까지의 자연수가 각각 하나씩 적힌 10개의 공이 들어 있는 주머니에서 한 개의 공을 꺼낼 때, 공에 적힌 수가 4보다 작거나 8보다 클 확률

(2) 1부터 20까지의 자연수가 각각 하나씩 적힌 20장의 카드 중에서 한 장을 뽑을 때, 카드에 적힌 수가 4의 배수 또는 7의 배수일 확률

(3) 서로 다른 두 개의 주사위를 던질 때, 눈의 수의 합이 4 또는 10일 확률

082 확률의 곱셈

두 사건 A, B가 서로 영향을 주지 않을 때, 사건 A가 일어날 확률을 p, 사건 B가 일어날 확률을 q라 하면

$$(\text{사건 } A\text{와 사건 } B\text{가 동시에 일어날 확률})= p\times q$$

예 동전 한 개와 주사위 한 개를 동시에 던질 때,

동전은 앞면이 나오고 주사위는 5 이상의 눈이 나올 확률은

$(\text{앞면이 나올 확률})\times(5 \text{ 이상의 눈이 나올 확률})=\dfrac{1}{2}\times\dfrac{1}{3}=\dfrac{1}{6}$

02 다음을 구하여라.

(1) 100원짜리 동전 한 개와 500원짜리 동전 한 개를 동시에 던질 때, 동전 두 개
가 모두 앞면이 나올 확률

(2) 한 개의 주사위를 두 번 던질 때, 첫 번째에 나온 눈의 수가 6의 약수이고 두 번
째에 나온 눈의 수가 소수일 확률

(3) 서로 다른 두 개의 동전과 한 개의 주사위를 동시에 던질 때, 동전은 모두 뒷면
이 나오고 주사위는 짝수의 눈이 나올 확률

03 A, B 두 양궁 선수의 명중률이 각각 $\frac{1}{3}$, $\frac{3}{4}$일 때, 다음을 구하여라.

(1) A, B 둘 다 명중시킬 확률

(2) A, B 둘 다 명중시키지 못할 확률

(3) 적어도 한 사람은 명중시킬 확률

083 연속하여 꺼내는 경우의 확률

● **꺼낸 것을 다시 넣고 연속하여 꺼내는 경우의 확률**
처음에 꺼낸 것을 다시 꺼낼 수 있으므로 처음에 일어난 사건이 나중에 일어나는 사
건에 영향을 주지 않는다.
→ (처음 꺼낼 때의 조건) = (나중에 꺼낼 때의 조건)

● **꺼낸 것을 다시 넣지 않고 연속하여 꺼내는 경우의 확률**
처음에 꺼낸 것을 다시 꺼낼 수 없으므로 처음에 일어난 사건이 나중에 일어나는 사
건에 영향을 준다.
→ (처음 꺼낼 때의 조건) ≠ (나중에 꺼낼 때의 조건)

@ 검은 공 3개와 흰 공 2개가 들어 있는 주머니에서 차례대로 2개의 공을 꺼낼 때, 2개 모두 검은 공일 확률은

■ 꺼낸 공을 다시 넣을 때

→ (첫 번째에 검은 공을 꺼낼 확률)×(두 번째에 검은 공을 꺼낼 확률)$= \dfrac{3}{5} \times \dfrac{3}{5} = \dfrac{9}{25}$

■ 꺼낸 공을 다시 넣지 않을 때

→ (첫 번째에 검은 공을 꺼낼 확률)×(두 번째에 검은 공을 꺼낼 확률)$= \dfrac{3}{5} \times \dfrac{2}{4} = \dfrac{3}{10}$

04 빨간 공 3개, 파란 공 6개가 들어 있는 상자에서 연속하여 두 개의 공을 꺼낼 때, 다음 각각의 경우에 대하여 처음에는 빨간 공, 두 번째는 파란 공일 확률을 구하여라.

(1) 한 개의 공을 꺼내어 확인한 후 상자 안에 넣고 다시 한 개의 공을 꺼내는 경우

(2) 한 개의 공을 꺼내어 확인한 후 상자 안에 넣지 않고 다시 한 개의 공을 꺼내는 경우

05 12개의 제비 중 당첨 제비가 3개 들어 있다. A가 한 개의 제비를 뽑아 확인하고 다시 넣은 후 B가 다시 한 개의 제비를 뽑을 때, 다음을 구하여라.

(1) A, B가 모두 당첨될 확률

(2) A, B가 모두 당첨되지 않을 확률

(3) A만 당첨될 확률

(4) A가 당첨될 확률

Plus 🔆 **도형에서의 확률**

일어날 수 있는 모든 경우의 수는 도형 전체의 넓이로, 어떤 사건이 일어나는 경우의 수는 도형에서 해당하는 부분의 넓이로 생각하여 확률을 구한다.

$$(\text{도형에서의 확률}) = \dfrac{(\text{사건에 해당하는 부분의 넓이})}{(\text{도형 전체의 넓이})}$$

@ 오른쪽 그림과 같이 4등분된 원판에 1, 2, 3, 4가 적혀 있다. 이 원판에 화살을 한 번 쏠 때, 1이 적힌 부분을 맞힐 확률은

$$\dfrac{(\text{1이 적힌 부분의 넓이})}{(\text{도형 전체 넓이})} = \dfrac{1}{4}$$

35 대푯값과 산포도

대푯값

● **대푯값** : 자료 전체의 특징을 대표적으로 나타내는 값

　　　평균, 중앙값, 최빈값 등이 있으며 평균이 대푯값으로 가장 많이 쓰인다.

▷ **평균** : 전체 변량의 총합을 변량의 개수로 나눈 값

$$\rightarrow \ (평균) = \frac{(변량의\ 총합)}{(변량의\ 개수)}$$

참고 변량은 자료를 수량으로 나타낸 것이다.

▷ **중앙값** : 자료의 변량을 작은 값부터 순서대로 나열할 때 중앙에 위치하는 값

$$\rightarrow \begin{cases} 자료의\ 개수\ n이\ 홀수 : 중앙값은\ \frac{n+1}{2}\ 번째\ 자료의\ 값 \\ 자료의\ 개수\ n이\ 짝수 : 중앙값은\ \frac{n}{2}\ 번째와\ \left(\frac{n}{2}+1\right)번째\ 자료의\ 값의\ 평균 \end{cases}$$

▷ **최빈값** : 자료의 변량 중에서 가장 많이 나타나는 값

참고 최빈값은 존재하지 않을 수도 있고 2개 이상일 수도 있다.

예 1 자료 1, 2, 4, 4, 5의 평균은 $\dfrac{1+2+4+4+5}{5} = \dfrac{16}{5}$ 이다.

2 자료 1, 2, 4, 5, 7인 경우의 중앙값은 4이다.

　　자료 2, 3, 4, 6, 7, 10인 경우의 중앙값은 $\dfrac{4+6}{2} = 5$ 이다.

3 자료 1, 2, 2, 5, 5의 최빈값은 2와 5이다.

　　자료 2, 4, 5, 7, 8의 최빈값은 없다.

01 다음 자료의 평균, 중앙값, 최빈값을 각각 구하여라.

　(1) 11, 5, 5, 7

　(2) 14, 4, 8, 4, 8, 9, 16

02 5개의 수 2, x, 5, 11, 14의 평균이 9일 때, x의 값을 구하여라.

03 다음 표는 동만이네 반 학생 40명이 좋아하는 과일을 조사하여 나타낸 것이다. 이 자료의 최빈값을 구하여라.

과일	수박	사과	귤	배	포도
학생 수(명)	12	5	13	3	7

085 분산과 표준편차

● **분산** : 편차를 제곱한 값의 평균

→ (분산) = $\dfrac{\text{(편차)}^2\text{의 총합}}{\text{(변량의 개수)}}$

● **표준편차** : 분산의 양의 제곱근

→ (표준편차) = $\sqrt{\text{(분산)}}$

참고 표준편차는 주어진 변량과 같은 단위를 갖는다.

예 자료가 6, 7, 8, 9, 10인 경우

■ (평균) = $\dfrac{6+7+8+9+10}{5} = 8$

■ 각 변량에 대한 편차는 각각 -2, -1, 0, 1, 2이다.

■ (분산) = $\dfrac{(-2)^2+(-1)^2+0^2+1^2+2^2}{5} = 2$

■ (표준편차) = $\sqrt{2}$

보충 **편차**

● **편차** : 어떤 자료의 각 변량에서 평균을 뺀 값

→ (편차)＝(변량)－(평균)

● **편차의 성질**

▷ 편차의 총합은 항상 0이다.

▷ 평균보다 큰 변량의 편차는 양수이고 평균보다 작은 변량의 편차는 음수이다.

예 변량 8, 4, 11, 9의 평균은 $\dfrac{8+4+11+9}{4}=\dfrac{32}{4}=8$

(편차)＝(변량)－(평균)이므로 편차를 순서대로 구하면 0, －4, 3, 1이다.

04 어떤 자료의 편차가 다음과 같을 때, 이 자료의 분산과 표준편차를 각각 구하여라.

변량	A	B	C	D	E
편차	5	－3	1	－6	3

05 주어진 자료의 평균, 분산, 표준편차를 각각 구하여라.

(1) 4, 8, 2, 6, 5

(2) 26, 27, 20, 18, 29, 24

06 다음 물음에 답하여라.

(1) 7, a, 6, 3, 5의 평균이 6일 때, 분산을 구하여라.

(2) 5, 12, a, 9, 13의 평균이 9일 때, 표준편차를 구하여라.

VI 도형

직선, 반직선, 선분

이름	기호	그림	
직선 AB	$\overleftrightarrow{AB}$	A ———●————●——————→ B	$\overleftrightarrow{AB} = \overleftrightarrow{BA}$
반직선 AB	$\overrightarrow{AB}$	A ·······●————●——————→ B	$\overrightarrow{AB} \neq \overrightarrow{BA}$
선분 AB	$\overline{AB}$	A ·······●————●······· B	$\overline{AB} = \overline{BA}$

▶ 두 점 사이의 거리

두 점 A, B를 양 끝점으로 하는 무수히 많은 선 중에서 길이가
가장 짧은 것인 선분 AB의 길이

두 점 A, B
사이의 거리

▶ 각

– 두 반직선 OA, OB로 이루어진 도형을 각 AOB라 한다.

기호 $\angle AOB$, $\angle BOA$, $\angle O$, $\angle a$

각의 변 / 각의 크기 / 각의 꼭짓점 / 각의 변

– 각의 크기에 따른 분류

(평각) = 180°   (직각) = 90°   0° < (예각) < 90°   0° < (둔각) < 180°

– 두 직선이 한 점에서 만날 때 생기는
네 각 $\angle a$, $\angle b$, $\angle c$, $\angle d$를 교각이라 한다.

▶ 점과 직선 사이의 거리

– 두 선분 AB, CD의 교각이 직각일 때, 이들 두 직선은 직교한다고
한다.

기호 $\overline{AB} \perp \overline{CD}$

– 직선 l 위에 있지 않은 점 P에서 직선
l에 그은 수선과 직선 l이 만나서 생기
는 교점 H를 수선의 발이라 한다.

수선의 발

점 P와 직선 l
사이의 거리

– 선분 AB의 중점 M을 지나고 선분 AB와 직교하는 직선
l을 수직이등분선이라 한다.

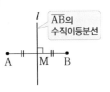

$\overline{AB}$의
수직이등분선

36 맞꼭지각과 동위각, 엇각

086 맞꼭지각

● **맞꼭지각** : 두 직선이 한 점에서 만날 때, 서로 마주 보는 두 각
  → $\angle a$와 $\angle c$, $\angle b$와 $\angle d$

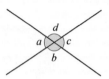

● **맞꼭지각의 성질** : 두 직선이 한 점에서 만날 때, 맞꼭지각의 크
  기는 서로 같다.
  → $\angle a = \angle c$, $\angle b = \angle d$

예 오른쪽 그림에서

1 $\angle AOB$의 맞꼭지각은 $\angle DOE$ 이다.
2 $\angle COD$의 맞꼭지각은 $\angle FOA$ 이다.
3 $\angle FOE$의 맞꼭지각은 $\angle COB$ 이다.
4 $\angle COA$의 맞꼭지각은 $\angle FOD$ 이다.
5 $\angle DOB$의 맞꼭지각은 $\angle AOE$ 이다.

01 다음 그림에서 $\angle x$ 의 크기를 구하여라.

(1)
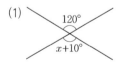

(2)
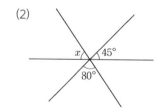

(3)
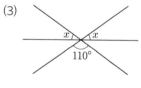

087 동위각과 엇각

서로 다른 두 직선이 다른 한 직선과 만나서 생기는 각 중에서

● **동위각** : 같은 위치에 있는 각

 → ∠a와 ∠b

● **엇각** : 엇갈린 위치에 있는 각

 → ∠a와 ∠c

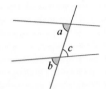 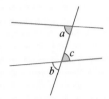

> Tip 동위각은 알파벳 F 모양, 엇각은 알파벳 Z 모양을 찾으면 된다.

예 오른쪽 그림에서

1 ∠a의 동위각은 ∠e

2 ∠b의 엇각은 ∠h

3 ∠c의 엇각은 ∠e

4 ∠d의 동위각은 ∠h

02 오른쪽 그림에서 다음 각의 크기를 구하여라.

(1) ∠a의 동위각

(2) ∠a의 엇각

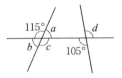

(3) ∠b의 동위각

(4) ∠c의 동위각

(5) ∠c의 엇각

(6) ∠d의 동위각

● **평행** : 한 평면 위에 있는 두 직선 l, m이 만나지 않을 때, 두 직선 l, m은 평행하다고 한다.

기호 $l /\!/ m$

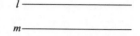

● **평행선의 성질**

▷ 두 직선 l, m이 다른 한 직선 n과 만날 때,

① 두 직선이 평행하면 동위각의 크기는 서로 같다.

→ $l /\!/ m$이면 $\angle a = \angle c$

② 동위각의 크기가 같으면 두 직선은 평행하다.

→ $\angle a = \angle c$이면 $l /\!/ m$

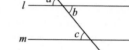

▷ 두 직선 l, m이 다른 한 직선 n과 만날 때,

① 두 직선이 평행하면 엇각의 크기는 서로 같다.

→ $l /\!/ m$이면 $\angle b = \angle c$

② 엇각의 크기가 같으면 두 직선은 평행하다.

→ $\angle b = \angle c$이면 $l /\!/ m$

주의 두 직선이 평행하지 않을 때에는 동위각(또는 엇각)의 크기가 같지 않다.

예 1 오른쪽 그림에서 $l /\!/ m$일 때,

$\angle a = 70°$(엇각)

$\angle b = 180° - 70° = 110°$

$\angle c = 70°$(동위각)

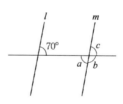

2 다음 그림에서 동위각의 크기가 같지 않으므로 두 직선 l과 m은 평행하지 않는다. 즉 $l \not/\!/ m$

3 다음 그림에서 엇각의 크기가 같으므로 두 직선 l과 m은 평행하다. 즉 $l /\!/ m$

03 다음 그림에서 $l /\!/ m$일 때, $\angle x$와 $\angle y$의 크기를 각각 구하여라.

(1)

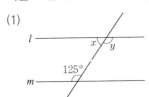

(2)

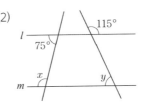

(3)

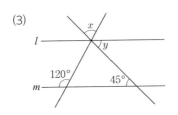

(4)

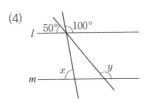

04 다음 그림에서 평행한 두 직선을 모두 찾아 기호로 나타내어라.

(1)

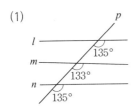

(2)

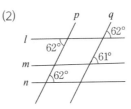

37 삼각형의 합동 조건

089 삼각형의 합동 조건

● **합동** : 어떤 도형을 모양이나 크기를 바꾸지 않고 돌리거나 뒤집어서 다른 도형에 완전히 포갤 수 있을 때, 이 두 도형을 서로 합동이라 한다.

기호 $\triangle ABC \equiv \triangle DEF$

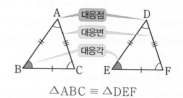

$\triangle ABC \equiv \triangle DEF$

● **두 삼각형은 다음의 경우에 합동이다.**
▷ 세 쌍의 대응변의 길이가 각각 같을 때
→ SSS 합동

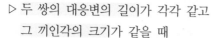

▷ 두 쌍의 대응변의 길이가 각각 같고 그 끼인각의 크기가 같을 때
→ SAS 합동

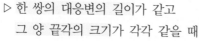

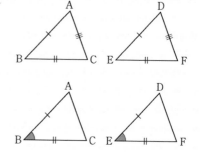

▷ 한 쌍의 대응변의 길이가 같고 그 양 끝각의 크기가 각각 같을 때
→ ASA 합동

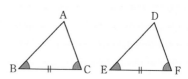

 1

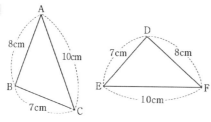

$\triangle ABC$ 와 $\triangle FDE$ 에서
$\overline{AB} = \overline{FD} = 8\,cm$, $\overline{BC} = \overline{DE} = 7\,cm$,
$\overline{CA} = \overline{EF} = 10\,cm$
즉 두 삼각형의 세 변의 길이가 각각 같으므로
$\triangle ABC = \triangle FDE$ (SSS 합동)

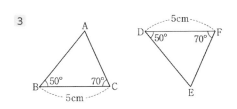

2 △ABC 와 △DFE 에서
$\overline{AB}=\overline{DF}=5\,cm$, $\overline{BC}=\overline{FE}=6\,cm$,
∠B = ∠F = 40°
즉 두 변의 길이가 같고 그 끼인각의 크기가 같으므로
△ABC ≡ △DFE (SAS 합동)

3 △ABC 와 △EDF 에서
$\overline{BC}=\overline{DF}=5\,cm$, ∠B = ∠D = 50° ,
∠C = ∠F = 70°
즉 한 변의 길이가 같고 그 양 끝각의 크기가 각각 같으므로
△ABC ≡ △EDF (ASA 합동)

01 다음 삼각형 중에서 서로 합동인 것을 모두 찾아 기호 ≡ 를 사용하여 나타내고, 합동 조건을 말하여라.

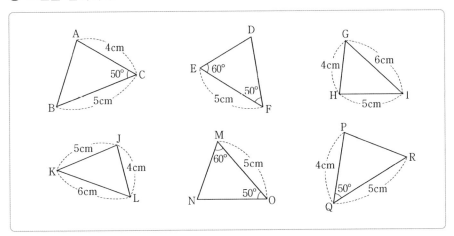

02 다음 그림의 △ABC 와 △DEF 에서 $\overline{AB}=\overline{DE}$, ∠A = ∠D 이다.
△ABC ≡ △DEF 가 되기 위해 추가로 필요한 조건을 한 가지 쓰고, 그때의 합동 조건을 말하여라.

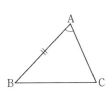
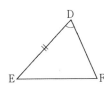

	추가로 필요한 조건	합동 조건
(1)		
(2)		
(3)		

03 다음은 $\overline{AC}$ 와 $\overline{BD}$ 는 한 점 O에서 만나고 $\overline{OA}=\overline{OC}$, $\overline{OB}=\overline{OD}$ 일 때, $\triangle OAB \equiv \triangle OCD$ 임을 보이는 과정이다. (1)~(4)에 알맞은 것을 써넣어라.

$\triangle OAB$ 와 $\triangle OCD$ 에서

$\overline{OA} = \boxed{(1)}$, $\boxed{(2)} = \overline{OD}$,

$\angle AOB = \boxed{(3)}$ (맞꼭지각)

$\therefore \triangle OAB \equiv \triangle OCD ($ $\boxed{(4)}$ 합동$)$

🎯**보충** **삼각형이 결정되는 조건**

삼각형은 다음 세 가지 경우에 모양과 크기가 하나로 정해진다.

● 세 변의 길이가 주어질 때 ← (가장 긴 변의 길이) < (나머지 두 변의 길이의 합)
● 두 변의 길이와 그 끼인각의 크기가 주어질 때 ← 반드시 끼인각이어야 한다!
● 한 변의 길이와 그 양 끝각의 크기가 주어질 때

← 양 끝각의 크기의 합이 180°보다 작아야 한다!

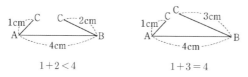

주의 ① 두 변의 길이의 합이 나머지 한 변의 길이보다 작거나 같을 때 → 삼각형이 될 수 없다.

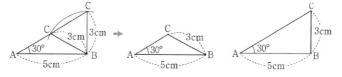

$1+2<4$ $1+3=4$

② 두 변의 길이와 그 끼인각이 아닌 다른 한 각의 크기가 주어질 때
→ 삼각형이 되지 않거나, 1개 또는 2개로 그려진다.

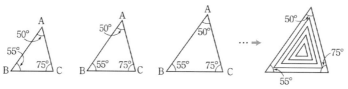

③ 세 각의 크기가 주어질 때 → 세 각의 크기가 같은 삼각형은 무수히 많다.

직각삼각형의 합동 조건

● 두 직각삼각형은 다음의 경우에 합동이다.

▷ 빗변의 길이가 같고 한 예각의 크기가 같을 때
→ RHA 합동

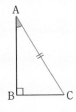 

▷ 빗변의 길이가 같고 다른 한 변의 길이가 같을 때
→ RHS 합동

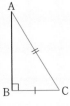 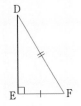

1

△ABC 와 △DEF 에서
∠C = ∠F = 90°, $\overline{AB} = \overline{DE} = 4\,cm$,
∠B = ∠E = 60°
즉 두 직각삼각형에서 빗변의 길이가 같고 한 예각
의 크기가 같으므로
△ABC ≡ △DEF (RHA 합동)

2

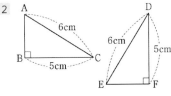

△ABC 와 △EFD 에서
∠B = ∠F = 90°, $\overline{AC} = \overline{ED} = 6\,cm$,
$\overline{BC} = \overline{FD} = 5\,cm$
즉 두 직각삼각형에서 빗변의 길이가 같고 다른 한
변의 길이가 같으므로
△ABC ≡ △EFD (RHS 합동)

38 이등변삼각형의 성질

이등변삼각형

● **이등변삼각형** : 두 변의 길이가 같은 삼각형

  → $\overline{AB} = \overline{AC}$

● **이등변삼각형의 성질**

▷ 이등변삼각형의 두 밑각의 크기는 같다.

  → $\triangle ABC$에서 $\overline{AB} = \overline{AC}$이면 $\angle B = \angle C$

▷ 이등변삼각형의 꼭지각의 이등분선은 밑변을 수직이등분한다.

  → $\triangle ABC$에서

  $\overline{AB} = \overline{AC}$이고 $\overline{AD}$가 $\angle A$의 이등분선이면

  $\overline{BD} = \overline{CD}$이고 $\overline{AD} \perp \overline{BC}$

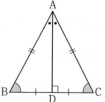

예 1 오른쪽 그림과 같은 이등변삼각형 ABC에서

  $\angle B = \angle C = 50°$이므로

  $\angle x = 180° - (50° \times 2) = 80°$

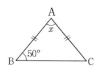

2 오른쪽 그림에서 $\triangle ABC$는 $\overline{AB} = \overline{AC}$인

  이등변삼각형이고 $\overline{AD}$는 $\angle A$의 이등분선일 때

  $\overline{BD} = \dfrac{1}{2}\overline{BC} = \dfrac{1}{2} \times 10 = 5\,(\text{cm})$

  ∴ $x = 5$

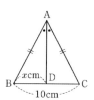

보충 삼각형의 내각과 외각

● 삼각형의 세 내각의 크기의 합은 180°이다.

● 삼각형의 한 외각의 크기는 그와 이웃하지 않는 두 내각의 크기의 합과 같다.

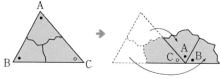

01 다음 그림에서 $\overline{AB} = \overline{AC}$ 일 때, x, y의 값을 각각 구하여라.

(1)
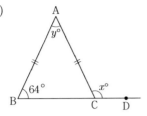

(2)
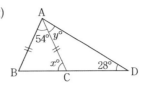

(3)
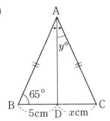

(4)
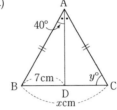

091   이등변삼각형이 되는 조건

두 내각의 크기가 같은 삼각형은 이등변삼
각형이다.

→ △ABC에서 ∠B = ∠C이면
$\overline{AB} = \overline{AC}$ 이다.

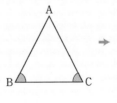

◉ 오른쪽 그림과 같은 △ABC에서 ∠B = ∠C 일 때,
△ABC는 이등변삼각형이므로
$\overline{AC} = \overline{AB} = 25 \,(\text{cm})$

∴ $x = 25$

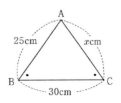

02 다음 그림과 같은 △ABC에서 x의 값을 구하여라.

(1)

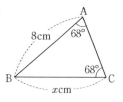

(2)

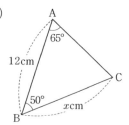

(3)

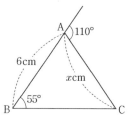

(4)

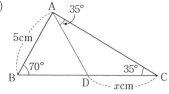

03 다음 그림과 같은 △ABC에서 $\overline{AB} = \overline{AC}$일 때, $\angle x$의 크기를 구하여라.

(1)

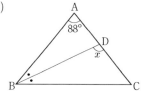

(2)

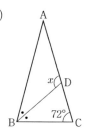

04 다음 그림과 같은 △ABC에서 $\overline{AB} = \overline{AC}$일 때, $\angle x$, $\angle y$의 크기를 각각 구하여라.

(1)

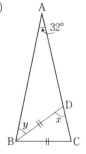

(2)

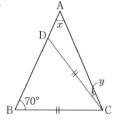

39 삼각형의 닮음조건

092 삼각형의 닮음조건

● **닮은 도형** : 한 도형을 일정한 비율로 확대 또는 축소한 도형이 다른 도형과 합동일 때, 이 두 도형은 서로 닮음인 관계에 있다고 한다. 또 서로 닮음인 관계에 있는 두 도형을 닮은 도형이라 한다.

기호 △ABC∽△DEF

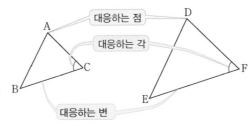

● **닮음비** : 대응하는 변의 길이의 비를 닮음비라 한다.

● 두 삼각형이 다음 세 조건 중 어느 하나를 만족시키면 서로 닮음이다.

▷ 세 쌍의 대응하는 변의 길이의 비가 같을 때

   즉 $a : a' = b : b' = c : c'$

   → SSS 닮음

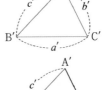

▷ 두 쌍의 대응하는 변의 길이의 비가 같고 그 끼인각의 크기가 같을 때

   즉 $a : a' = c : c'$, $\angle B = \angle B'$

   → SAS 닮음

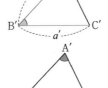

▷ 두 쌍의 대응하는 각의 크기가 각각 같을 때

   즉 $\angle A = \angle A'$, $\angle B = \angle B'$

   → AA 닮음

예 1

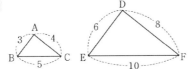

△ABC 와 △DEF 에서

$\overline{AB} : \overline{DE} = 3 : 6 = 1 : 2$

$\overline{BC} : \overline{EF} = 5 : 10 = 1 : 2$

$\overline{CA} : \overline{FD} = 4 : 8 = 1 : 2$

즉 세 쌍의 대응하는 변의 길이의 비가 같으므로 △ABC∽△DEF (SSS 닮음)

2

$\triangle ABC$ 와 $\triangle DEF$ 에서
$\overline{AC} : \overline{DF} = 2.5 : 5 = 1 : 2$,
$\overline{BC} : \overline{EF} = 4 : 8 = 1 : 2$
$\angle C = \angle F = 70°$
즉 두 쌍의 대응하는 변의 길이의 비가 같고
그 끼인각의 크기가 같으므로
$\triangle ABC \backsim \triangle DEF$ (SAS 닮음)

3

$\triangle ABC$ 와 $\triangle DEF$ 에서
$\angle B = \angle E = 40°$, $\angle C = \angle F = 60°$
즉 두 쌍의 대응하는 각의 크기가 각각 같으므
로 $\triangle ABC \backsim \triangle DEF$ (AA 닮음)

Plus 닮은 도형의 넓이와 부피

● 두 평면도형의 닮음비가 $m : n$ 이면 넓이의 비는 $m^2 : n^2$ 이다.
● 두 입체도형의 닮음비가 $m : n$ 이면 부피의 비는 $m^3 : n^3$ 이다.

예 1

닮음비가 $1 : 2$ 인 두 정사각형에 대하여 넓이의 비는 $1^2 : 2^2$,
즉 $1 : 4$ 이다.

2

닮음비가 $1 : 2$ 인 두 정육면체에 대하여 부피의 비는 $1^3 : 2^3$,
즉 $1 : 8$ 이다.

---

01 다음 삼각형 중에서 서로 닮음인 것을 모두 찾아 기호 $\backsim$ 를 사용하여 나타내고, 닮음 조건을 말하여라.

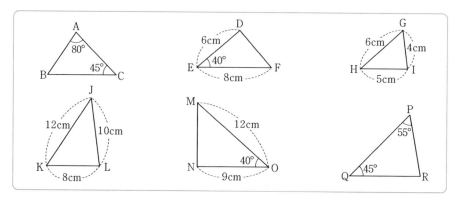

02 다음 그림에서 닮음인 삼각형을 찾아 기호를 사용하여 나타내고, 그때의 닮음조건을 말하여라.

(1)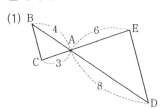

(2)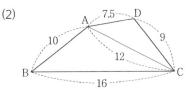

(3)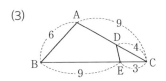

(4)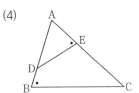

03 다음 그림에서 x의 값을 구하여라.

(1)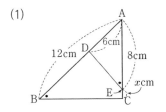

(2)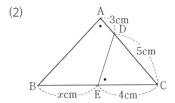

(3)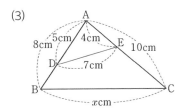

(4)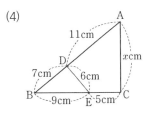

(5)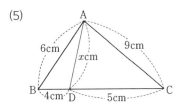

(6)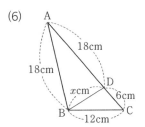

40 닮음의 응용

삼각형에서 평행선과 선분의 길이의 비

△ABC 에서 $\overline{AB}$, $\overline{AC}$ 또는 그 연장선 위에 각각 점 D , E 를 잡을 때

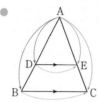 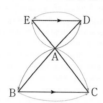

▷ $\overline{BC}$ ∥ $\overline{DE}$ 이면 $\overline{AB} : \overline{AD} = \overline{AC} : \overline{AE} = \overline{BC} : \overline{DE}$
▷ $\overline{AB} : \overline{AD} = \overline{AC} : \overline{AE} = \overline{BC} : \overline{DE}$ 이면 $\overline{BC}$ ∥ $\overline{DE}$

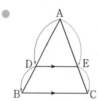 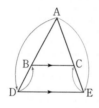 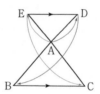

▷ $\overline{BC}$ ∥ $\overline{DE}$ 이면 $\overline{AD} : \overline{DB} = \overline{AE} : \overline{EC}$
▷ $\overline{AD} : \overline{DB} = \overline{AE} : \overline{EC}$ 이면 $\overline{BC}$ ∥ $\overline{DE}$

📖 다음 그림에서 $\overline{BC}$ ∥ $\overline{DE}$ 일 때,

1
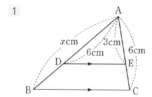

$x : 6 = 6 : 3$ 에서
$3x = 36$ ∴ $x = 12$

2
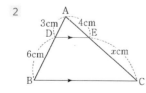

$3 : 6 = 4 : x$ 에서
$3x = 24$ ∴ $x = 8$

3

$5 : x = 6 : 12$ 에서

$6x = 60 \qquad \therefore \quad x = 10$

01 다음 그림에서 $\overline{BC} /\!/ \overline{DE}$ 일 때, x, y의 값을 각각 구하여라.

(1) (2) (3)

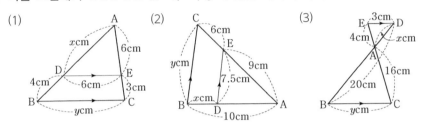

02 다음 그림에서 $\overline{BC} /\!/ \overline{DE}$ 인 것을 모두 골라라.

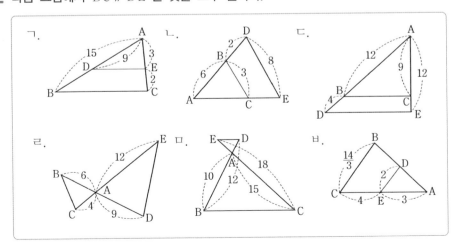

Plus · 💡 · **삼각형의 각의 이등분선**

● **삼각형의 내각의 이등분선**

  △ABC에서 ∠A의 이등분선이 $\overline{BC}$와 만나는 점을
  D라 하면 → $\overline{AB} : \overline{AC} = \overline{BD} : \overline{CD}$

● **삼각형의 외각의 이등분선**

  △ABC에서 ∠A의 외각의 이등분선이 $\overline{BC}$의 연
  장선과 만나는 점을 D라 하면
  → $\overline{AB} : \overline{AC} = \overline{BD} : \overline{CD}$

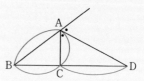

(예) **1** 오른쪽 그림의 △ABC에서
  $\overline{AD}$가 ∠A의 이등분선일 때,
  $12 : 10 = x : 5$이므로
  $x = 6$

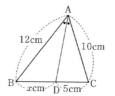

2 오른쪽 그림의 △ABC에서
  $\overline{AD}$가 ∠A의 외각의 이등분선일 때,
  $14 : x = 21 : 15$이므로
  $x = 10$

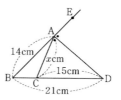

094 삼각형의 중점 연결 정리

● 삼각형의 두 변의 중점을 연결한 선분은 나머지 한 변과 평행하고 그 길이는 나머지
  한 변의 길이의 $\dfrac{1}{2}$이다.

  → △ABC에서
  $\overline{AM} = \overline{MB}$, $\overline{AN} = \overline{NC}$이면
  $\overline{MN} /\!/ \overline{BC}$, $\overline{MN} = \dfrac{1}{2}\overline{BC}$

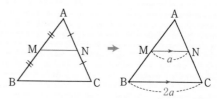

● 삼각형의 한 변의 중점을 지나고, 다른 한 변에 평행한 직선은 나머지 한 변의 중점
  을 지난다.

  → △ABC에서
  $\overline{AM} = \overline{MB}$, $\overline{MN} /\!/ \overline{BC}$이면
  $\overline{AN} = \overline{NC}$

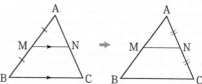

예) 오른쪽 그림의 △ABC에서
점 D, E가 각각 두 변 AB, AC의 중점이고
$\overline{BC} = 18\,cm$이면
$\overline{DE} /\!/ \overline{BC}$, $\overline{DE} = \dfrac{1}{2}\overline{BC} = \dfrac{1}{2} \times 18 = 9\,(cm)$

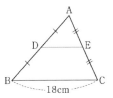

03 다음 그림의 △ABC에서 $\overline{AB}$, $\overline{AC}$의 중점을 각각 M, N이라 할 때, x의 값을
구하여라.

(1)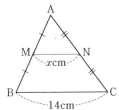

(2)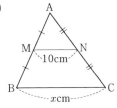

(3)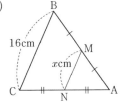

04 다음 그림의 △ABC에서 $\overline{AM} = \overline{MB}$이고 $\overline{MN} /\!/ \overline{BC}$일 때, x의 값을 구하여라.

(1)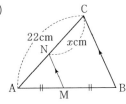

(2)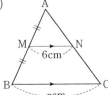

(3)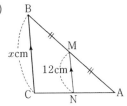

05 다음 그림의 △ABC에서 세 점 P, Q, R는 각각 $\overline{AB}$, $\overline{BC}$, $\overline{CA}$의 중점일 때,
△PQR의 둘레의 길이를 구하여라.

(1)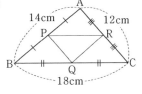

(2)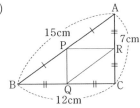

41 삼각형의 외심

● **외접원** : 삼각형의 모든 꼭짓점을 지나는 원

● **외심** : 삼각형의 외접원의 중심

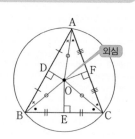

● **삼각형의 외심의 성질**
  ▷ 삼각형의 세 변의 수직이등분선은 한 점(외심)에서
    만난다.
  ▷ 외심에서 삼각형의 세 꼭짓점에 이르는 거리는
    모두 같다. 즉 $\overline{OA} = \overline{OB} = \overline{OC}$ (외접원의 반지름)

● **삼각형의 외심의 위치**

예각삼각형	직각삼각형	둔각삼각형
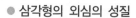		
삼각형의 내부	삼각형의 빗변의 중점	삼각형의 외부

예 1 오른쪽 그림의 △ABC에서 점 O가 외심일 때,
　　$\overline{OD}$ 는 $\overline{BC}$ 의 수직이등분선이므로
　　$\overline{CD} = \overline{BD} = 3\,(\text{cm})$ ∴ $x = 3$

　　2 오른쪽 그림의 △ABC에서 점 O가 외심일 때,
　　$\overline{OA} = \overline{OB} = \overline{OC} = 5\,(\text{cm})$ 이므로
　　$x = 5$

01 다음 중 점 P가 △ABC의 외심인 것을 모두 골라라.

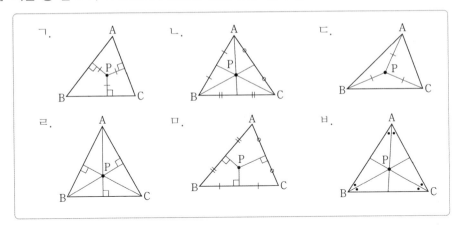

ㄱ.   ㄴ.   ㄷ.

ㄹ.   ㅁ.   ㅂ.

02 오른쪽 그림에서 점 O는 직각삼각형 ABC의 외심이다.
$\overline{AB} = 6\,cm$일 때, $\overline{OC}$의 길이를 구하여라.

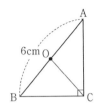

---

096 삼각형의 외심의 활용

점 O가 △ABC의 외심일 때,

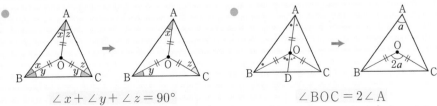

$\angle x + \angle y + \angle z = 90°$ $\angle BOC = 2\angle A$

예 1 오른쪽 그림에서 점 O가 △ABC의 외심일 때,
$\angle OAB + \angle OBC + \angle OCA = 90°$이므로
$\angle x = 90° - (28° + 30°) = 32°$

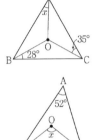

2 오른쪽 그림에서 점 O가 △ABC의 외심일 때,
$\angle BOC = 2\angle A$이므로
$\angle x = 2 \times 52° = 104°$

03 다음 그림에서 점 O 가 △ABC 의 외심일 때, ∠x 의 크기를 구하여라.

(1)
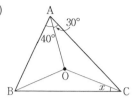

(2)
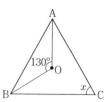

(3)
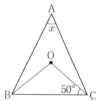

(4)
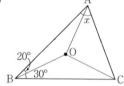

(5)
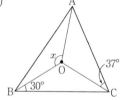

(6)
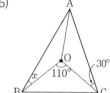

04 다음 그림에서 점 O 가 △ABC 의 외심일 때, ∠x , ∠y 의 크기를 각각 구하여라.

(1)
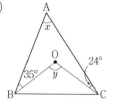

(2)
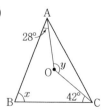

삼각형의 내심

삼각형의 내심

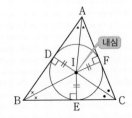

● **내접원** : 삼각형의 모든 변에 접하는 원

● **내심** : 삼각형의 내접원의 중심

● **삼각형의 내심의 성질**
   ▷ 삼각형의 세 내각의 이등분선은 한 점(내심)에서 만난다.
   ▷ 내심에서 삼각형의 세 변에 이르는 거리는 모두 같다.
   즉 $\overline{ID} = \overline{IE} = \overline{IF}$ (내접원의 반지름)

참고 원의 접선

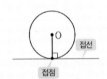

• 원과 직선이 한 점에서 만날 때를 접한다고 한다.
   – 접선 : 원과 한 점에서 만나는 직선
   – 접점 : 접선과 원이 만나는 점
• 원의 접선은 그 접점을 지나는 반지름에 수직이다.

예 1 오른쪽 그림의 △ABC에서 점 I가 내심일 때,
   $\overline{IC}$는 ∠C의 이등분선이므로
   ∠BCI = ∠ACI = 30°   ∴ $x = 30$

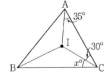

2 오른쪽 그림의 △ABC에서 점 I가 내심일 때,
   $\overline{ID} = \overline{IE} = \overline{IF} = 3$이므로
   $x = 3$

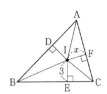

01 다음 중 점 P가 △ABC의 내심인 것을 모두 골라라.

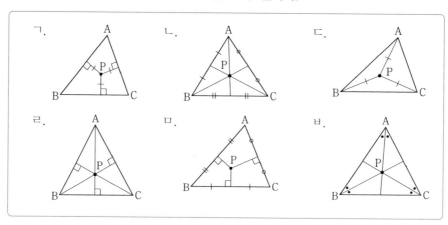

점 I가 △ABC의 내심일 때,

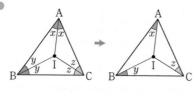

$$\angle x + \angle y + \angle z = 90°$$

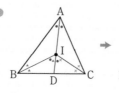

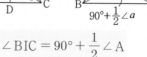

$$\angle BIC = 90° + \frac{1}{2} \angle A$$

예 1 오른쪽 그림에서 점 I가 △ABC의 내심일 때,

$\angle IAB + \angle IBC + \angle ICA = 90°$이므로

$\angle x = 90° - (28° + 32°) = 30°$

2 오른쪽 그림에서 점 I가 △ABC의 내심일 때,

$\angle BIC = 90° + \frac{1}{2} \angle A$ 이므로

$\angle x = 2 \times (114° - 90°) = 48°$

02 다음 그림에서 점 I가 △ABC의 내심일 때, ∠x의 크기를 구하여라.

(1)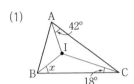

(2)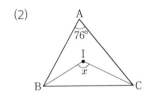

(3)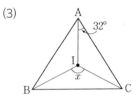

03 다음 그림에서 점 I가 △ABC의 내심일 때, ∠x, ∠y의 크기를 각각 구하여라.

(1)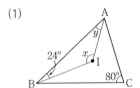

(2)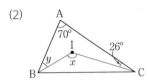

099   삼각형의 내심의 활용 (2)

점 I가 △ABC의 내심이고 내접원이 $\overline{AB}$, $\overline{BC}$, $\overline{CA}$와
만나는 점을 각각 D, E, F라 할 때
$\overline{AD} = \overline{AF}$, $\overline{BD} = \overline{BE}$, $\overline{CE} = \overline{CF}$

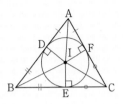

예) 오른쪽 그림에서 점 I는 △ABC의 내심이고
내접원이 $\overline{AB}$, $\overline{BC}$, $\overline{CA}$와 만나는 점을 각각
D, E, F라 할 때,
$\overline{AF} = \overline{AD} = 5\,(cm)$ 이므로 $\overline{CF} = 12 - 5 = 7\,(cm)$
$\overline{CE} = \overline{CF} = 7\,(cm)$ ∴ $x = 7$

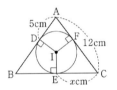

04 다음 그림에서 점 I는 △ABC의 내심이고 내접원이 $\overline{AB}$, $\overline{BC}$, $\overline{CA}$와 만나는 점을 각각 D, E, F라 할 때, x의 값을 구하여라.

(1)
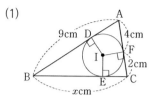

(2)
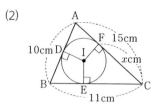

100　삼각형의 내심의 활용 (3)

△ABC에서 세 변의 길이가 각각 a, b, c이고 내접원 I의 반지름의 길이가 r일 때

$$\triangle ABC = \frac{1}{2}r(a+b+c)$$

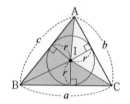

예 오른쪽 그림에서 점 I가 △ABC의 내심일 때,

$$\triangle ABC = \frac{1}{2} \times 3 \times (8+17+15) = 60 \, (\text{cm}^2)$$

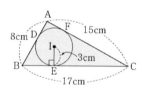

05 오른쪽 그림에서 점 I가 △ABC의 내심이고 △ABC $= 75\,\text{cm}^2$일 때, △ABC의 둘레의 길이를 구하여라.

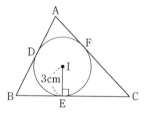

06 다음 그림에서 점 I가 △ABC의 내심일 때, 내접원 I의 반지름의 길이를 구하여라.

(1)
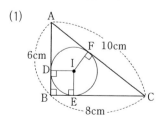

(2)
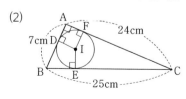

43 삼각형의 무게중심

● **삼각형의 무게중심** : 삼각형의 세 중선의 교점

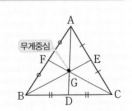

● **삼각형의 무게중심의 성질**

삼각형의 무게중심은 세 중선의 길이를
각 꼭짓점으로부터 각각 2 : 1로 나눈다.

→ $\overline{AG} : \overline{GD} = \overline{BG} : \overline{GE} = \overline{CG} : \overline{GF} = 2 : 1$

참고 삼각형의 한 꼭짓점과 그 대변의 중점을 이은 선분을 중선이라 한다.

예 오른쪽 그림에서 점 G 는 △ABC 의 무게중심일 때,
$6 : x = 2 : 1$ 이므로 $2x = 6$ ∴ $x = 3$

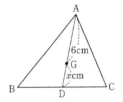

01 다음 그림에서 점 G 는 △ABC 의 무게중심일 때, x, y의 값을 각각 구하여라.

(1)

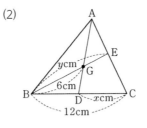

(2)

(3)

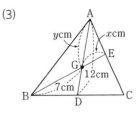

(4)

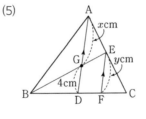

(5)

(6)

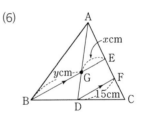

△ABC에서 점 G가 무게중심일 때,

● 삼각형의 넓이는 세 중선에 의하여 6등분된다.

→ $\triangle\text{GAF} = \triangle\text{GBF} = \triangle\text{GBD} = \triangle\text{GCD}$
$= \triangle\text{GCE} = \triangle\text{GAE}$
$= \dfrac{1}{6}\triangle\text{ABC}$

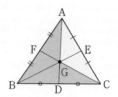

● 삼각형의 무게중심과 세 꼭짓점을 이어서 생기는 세 삼각형의 넓이는 같다.

→ $\triangle\text{GAB} = \triangle\text{GBC} = \triangle\text{GCA} = \dfrac{1}{3}\triangle\text{ABC}$

참고 삼각형과 넓이

(높이가 같은 두 삼각형의 넓이의 비)=(밑변의 길이의 비)

→ 오른쪽 그림에서 $\overline{\text{BC}} : \overline{\text{CD}} = m : n$ 이면

$\triangle\text{ABC} : \triangle\text{ACD} = m : n$

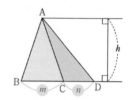

예 오른쪽 그림에서 점 G는 △ABC의 무게중심이고
$\triangle\text{ABC} = 30\,\text{cm}^2$ 일 때,

$\triangle\text{AFG} + \triangle\text{GDC} = \dfrac{1}{6}\triangle\text{ABC} + \dfrac{1}{6}\triangle\text{ABC}$
$= \dfrac{1}{3}\triangle\text{ABC}$
$= \dfrac{1}{3} \times 30 = 10\,(\text{cm}^2)$

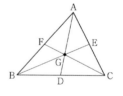

02 다음 그림에서 점 G는 △ABC의 무게중심일 때, 색칠한 부분의 넓이를 구하여라.

(1)
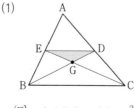
(단, $\triangle\text{ABC} = 36\,\text{cm}^2$)

(2)
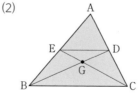
(단, $\triangle\text{EGD} = 5\,\text{cm}^2$)

(3)
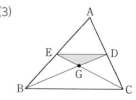
(단, $\triangle\text{GBC} = 28\,\text{cm}^2$)

44 피타고라스 정리

103 피타고라스 정리

직각삼각형에서 직각을 낀 두 변의 길이를 각각 a, b라 하고,
빗변의 길이를 c라 하면 $a^2 + b^2 = c^2$이 성립한다.

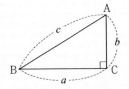

> **Tip** 직각삼각형에서 두 변의 길이가 주어졌을 때, 피타고라스 정리를 이용하면 나머지 한 변
> 의 길이를 구할 수 있다.
>
> • b, c의 길이가 주어졌을 때, $a^2 = c^2 - b^2$이므로 $a = \sqrt{c^2 - b^2}$
> • a, c의 길이가 주어졌을 때, $b^2 = c^2 - a^2$이므로 $b = \sqrt{c^2 - a^2}$
> • a, b의 길이가 주어졌을 때, $c^2 = a^2 + b^2$이므로 $c = \sqrt{a^2 + b^2}$

예 오른쪽 그림과 같이 $\angle C = 90°$인 직각삼각형 ABC에서
피타고라스 정리에 의하여
$$\overline{AB} = \sqrt{4^2 + 3^2} = 5$$

01 다음 그림과 같은 직각삼각형에서 x의 값을 구하여라.

(1)

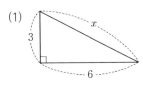

(2)

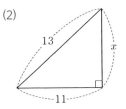

(3)

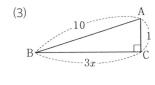

02 다음 그림에서 x, y의 값을 각각 구하여라.

(1)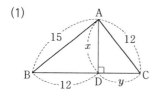

(2)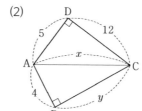

(3)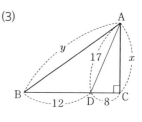

 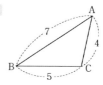
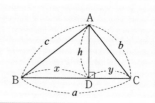
 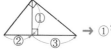

104 직사각형의 대각선의 길이

● **직사각형의 대각선의 길이**

가로의 길이가 a, 세로의 길이가 b인 직사각형의
대각선의 길이를 l이라 하면

→ $l = \sqrt{a^2 + b^2}$

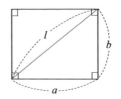

● **정사각형의 대각선의 길이**

한 변의 길이가 a인 정사각형의 대각선의 길이를 l이라 하면

→ $l = \sqrt{a^2 + a^2} = \sqrt{2}\,a$

예 1 다음 직사각형에서

$x = \sqrt{12^2 + 9^2} = 15$

2 다음 정사각형에서

$x = \sqrt{4^2 + 4^2} = 4\sqrt{2}$

03 다음 □ABCD 에서 x 의 값을 구하여라.

(1)
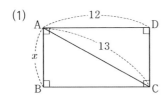

(2)
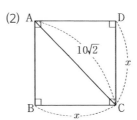

 Plus 정삼각형의 높이와 넓이

한 변의 길이가 a인 정삼각형 ABC의 높이를 h, 넓이를 S라
하면

● $h = \sqrt{a^2 - \left(\dfrac{a}{2}\right)^2} = \dfrac{\sqrt{3}}{2}a$

● $S = \dfrac{1}{2} \times a \times \dfrac{\sqrt{3}}{2}a = \dfrac{\sqrt{3}}{4}a^2$

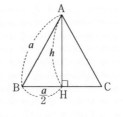

예 한 변의 길이가 $4\,\mathrm{cm}$인 정삼각형의 높이를 h, 넓이를 S라 하면

$$h = \frac{\sqrt{3}}{2} \times 4 = 2\sqrt{3}\,(\mathrm{cm}),\ \ S = \frac{\sqrt{3}}{4} \times 4^2 = 4\sqrt{3}\,(\mathrm{cm}^2)$$

105　좌표평면 위의 두 점 사이의 거리

● **원점과 한 점 사이의 거리**

　원점 O와 한 점 $P(x_1,\ y_1)$ 사이의 거리는

$$\overline{\mathrm{OP}} = \sqrt{{x_1}^2 + {y_1}^2}$$

● **두 점 사이의 거리**

　두 점 $P(x_1,\ y_1)$, $Q(x_2,\ y_2)$ 사이의 거리는

$$\overline{\mathrm{PQ}} = \sqrt{(x_2 - x_1)^2 + (y_2 - y_1)^2}$$

예 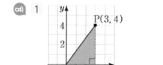 　　　　　

$$\overline{\mathrm{OP}} = \sqrt{3^2 + 4^2} = \sqrt{25} = 5$$

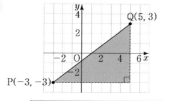

$$\overline{\mathrm{PQ}} = \sqrt{\{5 - (-3)\}^2 + \{3 - (-3)\}^2} = \sqrt{100} = 10$$

04 다음 두 점 P, Q 사이의 거리를 구하여라.

　(1) $P(0,\ 0)$, $Q(-2,\ 3)$　　　　　(2) $P(0,\ 0)$, $Q(7,\ -7)$

　(3) $P(4,\ 1)$, $Q(2,\ -5)$　　　　　(4) $P(-3,\ -6)$, $Q(-2,\ -5)$

45 삼각비

● ∠B = 90°인 **직각삼각형** ABC에서

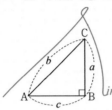 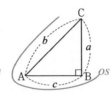 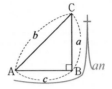

▷ $\sin A = \dfrac{(높이)}{(빗변의\ 길이)} = \dfrac{a}{b}$

▷ $\cos A = \dfrac{(밑변의\ 길이)}{(빗변의\ 길이)} = \dfrac{c}{b}$

▷ $\tan A = \dfrac{(높이)}{(밑변의\ 길이)} = \dfrac{a}{c}$

$\sin A$, $\cos A$, $\tan A$를 통틀어 ∠A의 삼각비라 한다.

주의 한 직각삼각형에서도 삼각비를 구하고자 하는 기준각에 따라 높이와 밑변이 바뀐다. 이때 기준각의 대변이 높이가 된다.

예 오른쪽 그림의 직각삼각형 ABC에서 ∠A에 대한 삼각비는

$\sin A = \dfrac{3}{5}$, $\cos A = \dfrac{4}{5}$, $\tan A = \dfrac{3}{4}$

01 오른쪽 그림과 같은 직각삼각형 ABC에서 다음 삼각비의 값을 구하여라.

(1) $\sin A$ (2) $\cos A$

(3) $\tan A$ (4) $\sin C$

(5) $\cos C$ (6) $\tan C$

A 삼각비	0°	30°	45°	60°	90°	
$\sin A$	0	$\dfrac{1}{2}$	$\dfrac{\sqrt{2}}{2}$	$\dfrac{\sqrt{3}}{2}$	1	증가
$\cos A$	1	$\dfrac{\sqrt{3}}{2}$	$\dfrac{\sqrt{2}}{2}$	$\dfrac{1}{2}$	0	감소
$\tan A$	0	$\dfrac{\sqrt{3}}{3}$	1	$\sqrt{3}$	정할 수 없다.	증가

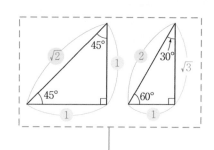

🔴 **보충** **특수한 직각삼각형의 세 변의 길이의 비**

● **세 내각의 크기가** 45°, 45°, 90°**인 삼각형**

$\angle A = \angle B = 45°$이고 $\angle C = 90°$인 직각삼각형의 세 변의 길이의 비는

$\overline{BC} : \overline{CA} : \overline{AB} = a : a : \sqrt{2}\,a = 1 : 1 : \sqrt{2}$

45°의 대변   90°의 대변

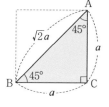

● **세 내각의 크기가** 30°, 60°, 90°**인 삼각형**

$\angle A = 30°$, $\angle B = 60°$이고 $\angle C = 90°$인 직각삼각형의 세 변의 길이의 비는

$\overline{BC} : \overline{CA} : \overline{AB} = a : \sqrt{3}\,a : 2a = 1 : \sqrt{3} : 2$

30°의   60°의   90°의
대변   대변   대변

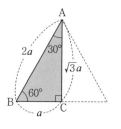

---

02 **다음을 계산하여라.**

(1) $\sin 30° + \tan 45°$

(2) $\tan 60° - \cos 30°$

(3) $\sin 60° \times \cos 45°$

(4) $\cos^2 60° + \sin^2 60°$

(5) $\sin 60° \times \cos 30° + \tan 45°$

(6) $(\cos 90° - 2)(\tan 0° - 3)(\sin 90° + 1)$

03 다음 그림에서 x, y의 값을 각각 구하여라.

(1)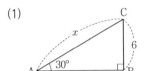

(2)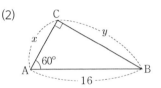

(3)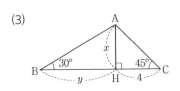

(4)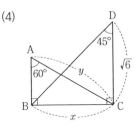

---

108 삼각형의 넓이

$\triangle ABC$에서 두 변의 길이 a, c와 그 끼인각 $\angle B$의 크기를 알 때, 넓이 S는

● **$\angle B$가 예각인 경우**

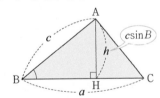

$\triangleright S = \dfrac{1}{2}ac\sin B$

● **$\angle B$가 둔각인 경우**

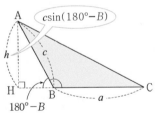

$\triangleright S = \dfrac{1}{2}ac\sin(180° - B)$

예 1 다음 그림과 같은 $\triangle ABC$의 넓이는

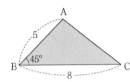

$$\triangle ABC = \frac{1}{2} \times 5 \times 8 \times \sin 45°$$
$$= \frac{1}{2} \times 5 \times 8 \times \frac{\sqrt{2}}{2}$$
$$= 10\sqrt{2}$$

2 다음 그림과 같은 $\triangle ABC$의 넓이는

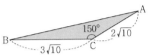

$$\triangle ABC$$
$$= \frac{1}{2} \times 3\sqrt{10} \times 2\sqrt{10}$$
$$\times \sin(180° - 150°)$$
$$= \frac{1}{2} \times 3\sqrt{10} \times 2\sqrt{10} \times \frac{1}{2}$$
$$= 15$$

04 다음 그림과 같은 △ABC 의 넓이를 구하여라.

(1)
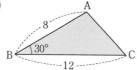

(2)
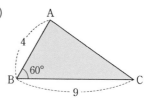

(3)

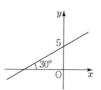

(4)
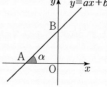

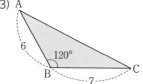
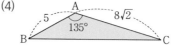

46 여러 가지 사각형

109 평행사변형

● **평행사변형** : 두 쌍의 대변이 각각 평행한 사각형

● **평행사변형의 성질**
    ▷ 두 쌍의 대변의 길이가 각각 같다. → $\overline{AB}=\overline{DC}$, $\overline{AD}=\overline{BC}$
    ▷ 두 쌍의 대각의 크기가 각각 같다. → $\angle A=\angle C$, $\angle B=\angle D$
    ▷ 두 대각선은 서로 다른 것을 이등분한다. → $\overline{AO}=\overline{CO}$, $\overline{BO}=\overline{DO}$

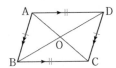  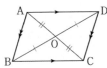

예 1 오른쪽 평행사변형 ABCD에서
    $\overline{BC}=\overline{AD}=15\,(\text{cm})$ $\therefore\ x=15$
    $\overline{DC}=\overline{AB}=10\,(\text{cm})$ $\therefore\ y=10$

2 오른쪽 평행사변형 ABCD에서
    $\angle D=\angle B=52°$ $\therefore\ x=52$
    $\angle B+\angle C=180°$ 이므로
    $\angle C=180°-52°=128°$ $\therefore\ y=128$

3 오른쪽 평행사변형 ABCD에서
    $\overline{CO}=\overline{AO}=5\,(\text{cm})$ $\therefore\ x=5$
    $\overline{BO}=\overline{DO}=8\,(\text{cm})$ $\therefore\ y=8$

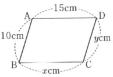
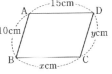

01 다음 그림과 같은 평행사변형 ABCD에서 x, y의 값을 각각 구하여라.

(1)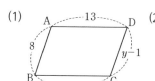

(2)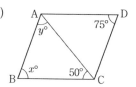

(3)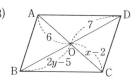

---

110 직사각형

● **직사각형** : 네 내각의 크기가 모두 같은 사각형

● **직사각형의 성질**

  ▷ 두 대각선의 길이가 같고, 서로 다른 것을 이등분한다.

  → $\overline{AC} = \overline{BD}$, $\overline{AO} = \overline{BO} = \overline{CO} = \overline{DO}$

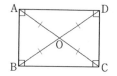

오른쪽 직사각형 ABCD에서
$\overline{BD} = \overline{AC} = 17\,(\text{cm})$
$\overline{OB} = \overline{OD} = \dfrac{1}{2}\overline{AC} = \dfrac{17}{2}\,(\text{cm})$

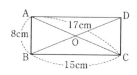

---

02 다음 그림과 같은 직사각형 ABCD에서 x의 값을 구하여라.

(1)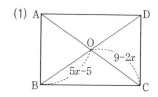

(2)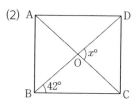

111   마름모

● **마름모** : 네 변의 길이가 모두 같은 사각형

● **마름모의 성질**

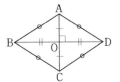

  ▷ 두 대각선이 서로 다른 것을 수직이등분한다.

    → $\overline{AO} = \overline{CO}$, $\overline{BO} = \overline{DO}$, $\overline{AC} \perp \overline{BD}$

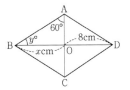

🔲 오른쪽 마름모 ABCD에서

  $\overline{OB} = \overline{OD} = 8\,(\mathrm{cm})$ ∴ $x = 8$

  △AOB에서 ∠AOB = 90°이므로

  ∠ABO = 180° − (90° + 60°) = 30°   ∴ $y = 30$

03 다음 그림과 같은 마름모 ABCD에서 x, y의 값을 각각 구하여라.

(1)

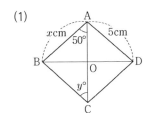

(2)

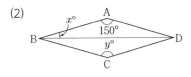

112   정사각형

● **정사각형** : 네 내각의 크기가 모두 같고 네 변의 길이가 모두 같은 사각형

● **정사각형의 성질**

  ▷ 두 대각선의 길이가 같고, 서로 다른 것을 수직이등분한다.

    → $\overline{AC} = \overline{BD}$, $\overline{AO} = \overline{BO} = \overline{CO} = \overline{DO}$, $\overline{AC} \perp \overline{BD}$

🔲 오른쪽 정사각형 ABCD에서

  $\overline{AC} \perp \overline{BD}$이므로 ∠BOC = 90°   ∴ $x = 90$

  $\overline{OD} = \overline{OA} = 7\,(\mathrm{cm})$ ∴ $y = 7$

04 다음 그림과 같은 정사각형 ABCD에서 x, y의 값을 각각 구하여라.

(1)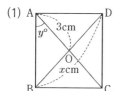

(2)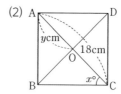

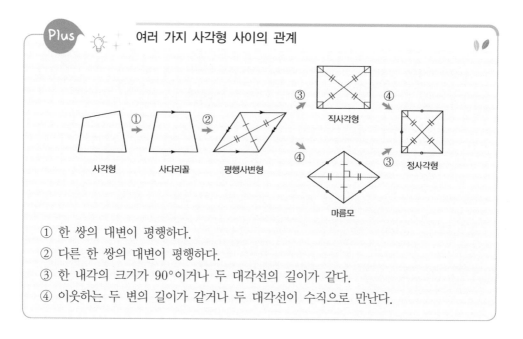

47 원과 부채꼴

113 부채꼴의 중심각의 크기와 호의 길이

한 원 또는 합동인 두 원에서
- 중심각의 크기가 같은 두 부채꼴의 호의 길이는 같다.
- 호의 길이가 같은 두 부채꼴의 중심각의 크기는 같다.
- 부채꼴의 호의 길이는 중심각의 크기에 정비례한다.

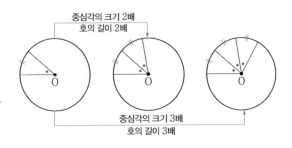

⟨예⟩ 오른쪽 그림의 원 O에서
$40° : 60° = x : 15$ 이므로
$2 : 3 = x : 15$
$3x = 30$ ∴ $x = 10$

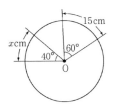

🎯 **보충** **원과 부채꼴**

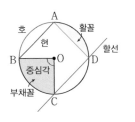

- **호 AB($\widehat{AB}$)** : 원 위의 두 점 A, B를 양 끝으로 하는 원의 일부분

- **현** : 원 위의 두 점을 잇는 선분
  [참고] 가장 긴 현은 원의 지름이다.

- **할선** : 원 위의 두 점을 잇는 직선

- **부채꼴** : 원 O에서 두 반지름 OB, OC와 호 BC로 이루어진 도형

- **중심각** : 부채꼴에서 두 반지름이 이루는 각 → ∠BOC

- **활꼴** : 원 O에서 호 AD와 현 AD로 이루어진 도형
  [참고] 중심각의 크기가 180°이면 부채꼴과 활꼴의 모양이 같아진다.

01 다음 그림의 원 O 에서 x의 값을 구하여라.

(1)   (2)   (3)

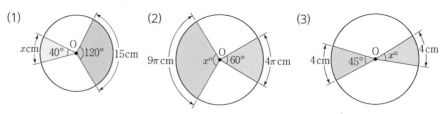

114   부채꼴의 중심각의 크기와 넓이

한 원 또는 합동인 두 원에서

● 중심각의 크기가 같은 두 부채
꼴의 넓이는 같다.

● 넓이가 같은 두 부채꼴의 중심
각의 크기는 같다.

● 부채꼴의 넓이는 중심각의 크기
에 정비례한다.

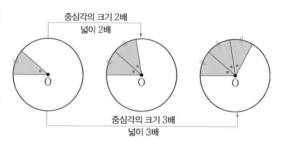

중심각의 크기 2배
넓이 2배

중심각의 크기 3배
넓이 3배

◉ 오른쪽 그림의 원 O 에서

$20° : 80° = 3 : x$ 이므로

$1 : 4 = 3 : x$ ∴ $x = 12$

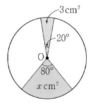

02 다음 그림의 원 O 에서 x의 값을 구하여라.

(1)   (2)   (3)

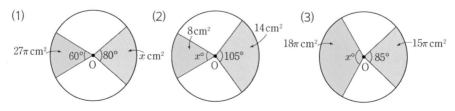

115 부채꼴의 중심각의 크기와 현의 길이

한 원 또는 합동인 두 원에서
- 중심각의 크기가 같은 두 부채꼴의 현의 길이는 같다.
- 현의 길이가 같은 두 부채꼴의 중심각의 크기는 같다.
- 현의 길이는 중심각의 크기에 정비례하지 않는다.

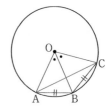

📖 오른쪽 그림의 원 O 에서

두 부채꼴 AOB , COD 의 중심각의 크기는 50° 로 같으므로

현의 길이 $\overline{CD}=\overline{AB}=6\,(cm)$로 같다.   ∴ $x=6$

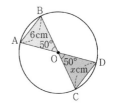

03 다음 그림의 원 O 에서 x의 값을 구하여라.

(1)

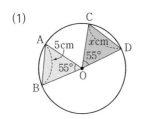

(2)

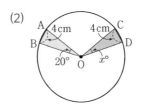

116 원의 둘레의 길이와 넓이

- **원주율** : 원의 지름의 길이에 대한 원의 둘레의 길이의 비

  → (원주율)$=\dfrac{(\text{원의 둘레의 길이})}{(\text{원의 지름의 길이})}=\pi$ ← 파이라고 읽는다.

  [참고] 원주율(π)은 원의 크기에 상관없이 항상 일정하고, 실제 그 값은 3.141592···로 불규칙하게 한없이 계속되는 소수이다.

- **원의 둘레의 길이와 넓이**

  반지름의 길이가 r인 원의 둘레의 길이를 l, 넓이를 S라 하면

  ▷ $l=2\pi r$

  ▷ $S=\pi r^2$

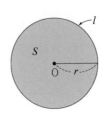

VI. 도형 | 157

[예] 반지름의 길이가 $4\,\mathrm{cm}$인 원의 둘레의 길이를 l, 넓이를 S라 하면

$l = 2\pi \times 4 = 8\pi\,(\mathrm{cm})$, $S = \pi \times 4^2 = 16\pi\,(\mathrm{cm}^2)$

04 다음 그림과 같은 원의 둘레의 길이와 넓이를 각각 구하여라.

(1)
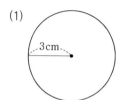

(2)
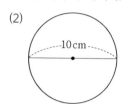

05 원주 l과 원의 넓이 S가 다음과 같을 때, 원의 반지름의 길이를 구하여라.

(1) $l = 16\pi\,\mathrm{cm}$

(2) $S = 100\pi\,\mathrm{cm}^2$

117 부채꼴의 호의 길이와 넓이

반지름의 길이가 r, 중심각의 크기가 $x°$인 부채꼴의 호의 길이를 l, 넓이를 S라 하면

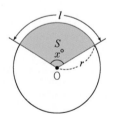

▷ $l = 2\pi r \times \dfrac{x}{360}$

▷ $S = \pi r^2 \times \dfrac{x}{360} = \dfrac{1}{2} rl$

> **Tip**
> $S = \dfrac{1}{2} rl$은 중심각의 크기를 모르는 부채꼴의 넓이를 구할 때 사용할 수 있다.

[예] 반지름의 길이가 $4\,\mathrm{cm}$, 중심각의 크기가 $45°$인 부채꼴의 호의 길이를 l, 넓이를 S라 하면

$l = 2\pi \times 4 \times \dfrac{45}{360} = \pi\,(\mathrm{cm})$, $S = \pi \times 4^2 \times \dfrac{45}{360} = 2\pi\,(\mathrm{cm}^2)$

06 다음과 같은 부채꼴의 호의 길이와 넓이를 각각 구하여라.

(1)

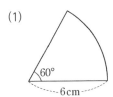

(2)

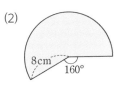

(3) 반지름의 길이가 10 cm, 중심각의 크기가 90°인 부채꼴

07 다음과 같은 부채꼴의 넓이를 구하여라.

(1)

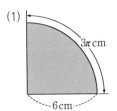

(2)

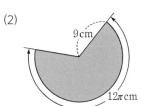

48 원과 직선

118 원의 중심과 현의 수직이등분선

● 원의 중심에서 현에 내린 수선은 그 현을 이등분한다.

→ $\overline{AB} \perp \overline{OM}$ 이면 $\overline{AM} = \overline{BM}$

● 원에서 현의 수직이등분선은 그 원 중심을 지난다.

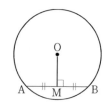

예 1 다음 그림의 원 O 에서

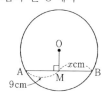

$\overline{OM} \perp \overline{AB}$ 이므로

$\overline{AM} = \overline{BM} = 9 \, (\text{cm})$

∴ $x = 9$

2 다음 그림의 원 O 에서

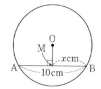

$\overline{OM} \perp \overline{AB}$ 이므로

$\overline{BM} = \overline{AM} = \dfrac{1}{2}\overline{AB} = \dfrac{1}{2} \times 10 = 5 \, (\text{cm})$

∴ $x = 5$

01 다음 그림의 원 O 에서 x 의 값을 구하여라.

(1)

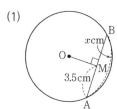

(2)

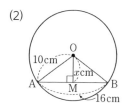

(3)

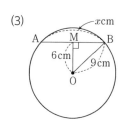

(4)

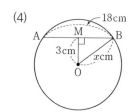

● 한 원의 중심으로부터 같은 거리에 있는 두 현의 길이는 같다.

→ $\overline{OM} = \overline{ON}$ 이면 $\overline{AB} = \overline{CD}$

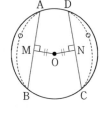

● 한 원에서 길이가 같은 두 현은 원의 중심으로부터 같은 거리에 있다.

→ $\overline{AB} = \overline{CD}$ 이면 $\overline{OM} = \overline{ON}$

예 1 다음 그림의 원 O 에서

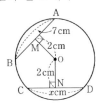

$\overline{OM} = \overline{ON}$ 이므로 $\overline{CD} = \overline{AB} = 7$ (cm)

∴ $x = 7$

2 다음 그림의 원 O 에서

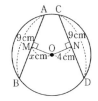

$\overline{AB} = \overline{CD}$ 이므로 $\overline{OM} = \overline{ON} = 4$ (cm)

∴ $x = 4$

02 다음 그림의 원 O 에서 x 의 값을 구하여라.

(1)

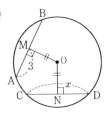

(2)

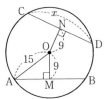

(3)

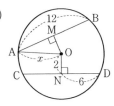

03 다음 그림의 원 O 에서 $\angle x$ 의 크기를 구하여라.

(1)

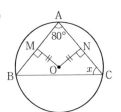

(2)

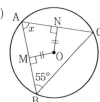

120   원의 접선의 길이

● 접선의 길이

: 원 밖의 한 점 P 에서 원 O 에 접선을 그었을 때
점 P 에서 접점까지의 거리

→ $\overline{PA} = \overline{PB}$

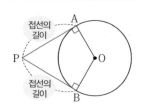

참고 원 밖의 한 점에서 원에 그을 수 있는 접선은 2 개이다.

예 1 다음 그림의 원 O 에서

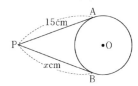

$\overline{PA}$, $\overline{PB}$ 는 원 O 의 접선이고
두 점 A, B 는 접점일 때,
$\overline{PB} = \overline{PA} = 15\,(\mathrm{cm})$ 이므로
$x = 15$

2 다음 그림의 원 O 에서

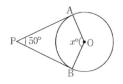

$\overline{PA}$, $\overline{PB}$ 는 원 O 의 접선이고
두 점 A, B 는 접점일 때,
$\angle x$
$= 360° - (\angle PAO + \angle PBO + \angle APB)$
$= 360° - (90° + 90° + 50°) = 130°$
$\therefore\ x = 130$

04 다음 그림에서 $\overline{PA}$, $\overline{PB}$ 는 원 O 의 접선이고 두 점 A, B 는 접점일 때, x 의 값을 구하여라.

(1)
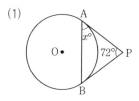

(2)
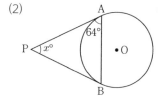

(3)
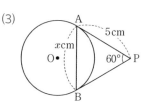

05 다음 그림에서 $\overrightarrow{PA}$, $\overrightarrow{PB}$ 는 원 O 의 접선이고 두 점 A, B 는 접점일 때, $\overline{PB}$ 의 길이를 구하여라.

(1)
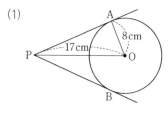

(2)
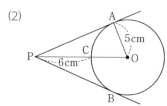

49 원주각

121 원주각과 중심각의 크기

● **원주각** : 원 O 에서 호 AB를 제외한 원 위의 점을 P라 할 때, $\angle$APB를 호 AB에 대한 원주각이라 한다.

● 원에서 한 호에 대한 원주각의 크기는 그 호에 대한 중심각의 크기의 $\frac{1}{2}$ 배이다.

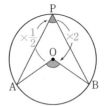

예 오른쪽 그림의 원 O 에서

$\angle x = \frac{1}{2} \angle \text{AOB} = \frac{1}{2} \times 100° = 50°$

01 다음 그림의 원 O에서 $\angle x$의 크기를 구하여라.

(1)

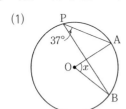

(2)

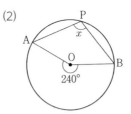

(3)

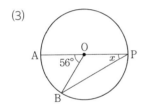

(4)

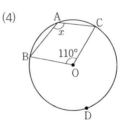

● 한 원에서 한 호에 대한 원주각의 크기는 모두 같다.

→ $\angle APB = \angle AQB = \angle ARB = \dfrac{1}{2}\angle AOB$

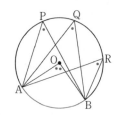

● 반원에 대한 원주각의 크기는 90°이다.

→ $\overline{AB}$ 가 지름이면 $\angle APB = 90°$

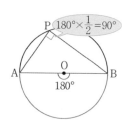

$180° \times \dfrac{1}{2} = 90°$

📌 오른쪽 그림의 원 O 에서

$\angle x = \angle APB = 35°\,(\widehat{AB}$ 에 대한 원주각$)$

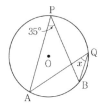

2 다음 그림의 원에서 $\angle x$, $\angle y$ 의 크기를 각각 구하여라.

(1)
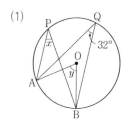

(2)
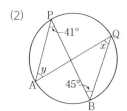

(3)
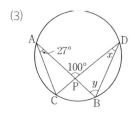

(4)
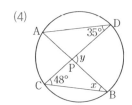

3 다음 그림에서 $\overline{AB}$ 가 원 O의 지름일 때, $\angle x$ 의 크기를 구하여라.

(1)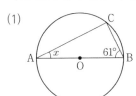

(2)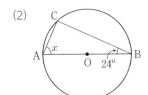

(3)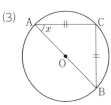

123 원주각의 크기와 호의 길이

한 원 또는 합동인 두 원에서

● 길이가 같은 호에 대한 원주각의 크기는 같다.

→ $\overset{\frown}{AB}=\overset{\frown}{CD}$ 이면 $\angle APB = \angle CQD$

● 크기가 같은 원주각에 대한 호의 길이는 같다.

→ $\angle APB = \angle CQD$ 이면 $\overset{\frown}{AB}=\overset{\frown}{CD}$

● 호의 길이는 그 호에 대한 원주각의 크기에 정비례한다.

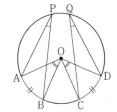

예 1 다음 그림의 원에서

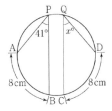

$\overset{\frown}{AB}=\overset{\frown}{CD}=8\,(\text{cm})$ 이므로

$\angle CQD = \angle APB = 41°$

∴ $x = 41$

2 다음 그림의 원에서

$\angle APB = \angle CQD = 30°$ 이므로

$\overset{\frown}{AB}=\overset{\frown}{CD}=4\,(\text{cm})$

∴ $x = 4$

3 다음 그림의 원에서

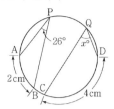

$\overset{\frown}{AB} : \overset{\frown}{CD} = \angle APB : \angle CQD$ 이므로

$2 : 4 = 26° : x°, \ 1 : 2 = 26° : x°$

$\therefore \ x = 52$

04 다음 그림의 원에서 x 의 값을 구하여라.

(1)

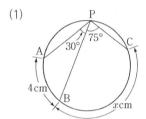

(2)

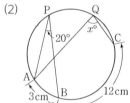

(3)

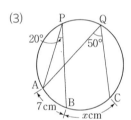

05 다음 그림의 원 O 에서 x 의 값을 구하여라.

(1)

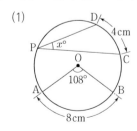

(2)

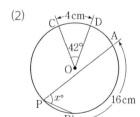

입체도형의 겉넓이와 부피

기둥과 뿔의 겉넓이

● 기둥과 뿔의 겉넓이는 전개도를 이용하여 다음과 같이 구한다.

▷ (기둥의 겉넓이)=(밑넓이)×2+(옆넓이)

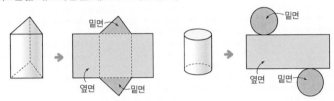

▷ (뿔의 겉넓이)=(밑넓이)+(옆넓이)

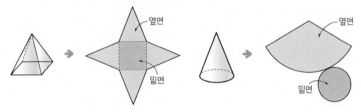

예 1 오른쪽 그림에서

$$(밑넓이) = \frac{1}{2} \times 8 \times 3 = 12 \,(\text{cm}^2)$$

$$(옆넓이) = (5+5+8) \times 9 = 18 \times 9 = 162 \,(\text{cm}^2) \text{이므로}$$

$$(겉넓이) = (밑넓이) \times 2 + (옆넓이)$$

$$= 12 \times 2 + 162$$

$$= 186 \,(\text{cm}^2)$$

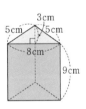

2 오른쪽 그림에서

$$(밑넓이) = 4 \times 4 = 16 \,(\text{cm}^2)$$

$$(옆넓이) = \left(\frac{1}{2} \times 4 \times 6\right) \times 4 = 12 \times 4 = 48 \,(\text{cm}^2) \text{이므로}$$

$$(겉넓이) = (밑넓이) + (옆넓이)$$

$$= 16 + 48 = 64 \,(\text{cm}^2)$$

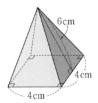

01 다음 입체도형의 겉넓이를 구하여라.

(1)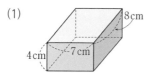

(2)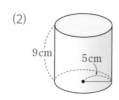

(3)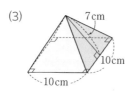

(4)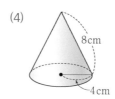

125 기둥과 뿔의 부피

● 기둥과 뿔의 부피는 다음과 같이 구한다.
   ▷ (기둥의 부피)=(밑넓이)×(높이)

   ▷ (뿔의 부피)=$\frac{1}{3}$×(밑넓이)×(높이)

예 1 오른쪽 그림에서
   (부피)=(밑넓이)×(높이)
         =$2^2 \times 3 = 12 \ (\text{cm}^3)$

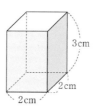

2 오른쪽 그림에서
   (부피)=$\frac{1}{3}$×(밑넓이)×(높이)
         =$\frac{1}{3} \times 2^2 \times 3 = 4 \ (\text{cm}^3)$

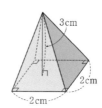

02 다음 입체도형의 부피를 구하여라.

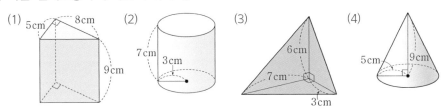

(1) 5cm 8cm 9cm (2) 7cm 3cm (3) 6cm 7cm 3cm (4) 5cm 9cm

---

126 구의 겉넓이와 부피

● 반지름의 길이가 r인 구의 겉넓이와 부피는 다음과 같이 구한다.

▷ (구의 겉넓이)$= 4\pi r^2$

▷ (구의 부피)$= \dfrac{4}{3}\pi r^3$

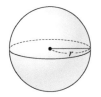

(예) 오른쪽 그림과 같이 구의 반지름의 길이가 $1\,\mathrm{cm}$ 일 때

■ (겉넓이)$= 4\pi \times 1^2 = 4\pi\,(\mathrm{cm}^2)$

■ (부피)$= \dfrac{4}{3}\pi \times 1^3 = \dfrac{4}{3}\pi\,(\mathrm{cm}^3)$

03 다음 입체도형의 겉넓이와 부피를 각각 구하여라.

(1)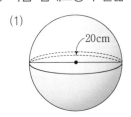
20cm

(2)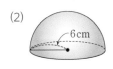
6cm

 Plus 원기둥에 꼭 맞게 들어가는 구와 원뿔의 부피

오른쪽 그림과 같이 밑면의 지름의 길이와 높이가 같은 원기둥에 꼭
맞게 들어가는 구와 원뿔에서 지름의 길이에 관계없이 원뿔의

부피는 원기둥의 부피의 $\dfrac{1}{3}$ 이고 구의 부피는 원기둥의 부피의 $\dfrac{2}{3}$ 이다.

∴ (원뿔의 부피) : (구의 부피) : (원기둥의 부피)$= 1 : 2 : 3$

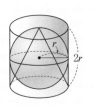

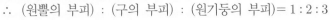

+ 너를 위한 세로 수학 ÷

√수포류 ππ

나의
√수학
사춘기
워크북

• 정답과 해설 •

교보문고

Ⅰ 수와 연산

01 최대공약수와 최소공배수

01 (1) 18　　(2) $2^2 \times 5$

02 (1) 6　　(2) $3 \times 5 \times 7$

03 (1) 252　　(2) $2^2 \times 3 \times 5 \times 7^2$

04 (1) 4410　　(2) $2^3 \times 3^2 \times 5^3 \times 7$

01

(1) 방법 1

$$
\begin{array}{r|rr}
2 & 54 & 90 \\
3 & 27 & 45 \\
3 & 9 & 15 \\
\hline
 & 3 & 5
\end{array}
$$

방법 2

$$
\begin{aligned}
54 &= 2 \times 3^3 \\
90 &= 2 \times 3^2 \times 5 \\
\hline
 & 2 \times 3^2
\end{aligned}
$$

∴ (최대공약수)$= 2 \times 3^2 = 18$

(2)

$$
\begin{array}{l}
2^3 \times 5^2 \\
2^2 \times 3^2 \times 5 \\
\hline
\text{최대공약수 : } 2^2 \times 5
\end{array}
$$

02

(1) 방법 1

$$
\begin{array}{r|rrr}
2 & 108 & 150 & 900 \\
3 & 54 & 75 & 450 \\
\hline
 & 18 & 25 & 150
\end{array}
$$

방법 2

$$
\begin{aligned}
108 &= 2^2 \times 3^3 \\
150 &= 2 \times 3 \times 5^2 \\
900 &= 2^2 \times 3^2 \times 5^2 \\
\hline
 & 2 \times 3
\end{aligned}
$$

∴ (최대공약수)$= 2 \times 3 = 6$

(2)

$$
\begin{array}{l}
3^2 \times 5 \times 7 \\
3 \times 5^2 \times 7 \\
3 \times 5 \times 7^2 \times 11 \\
\hline
\text{최대공약수 : } 3 \times 5 \times 7
\end{array}
$$

03

(1) 방법 1

$$
\begin{array}{r|rr}
2 & 36 & 84 \\
2 & 18 & 42 \\
3 & 9 & 21 \\
\hline
 & 3 & 7
\end{array}
$$

방법 2

$$
\begin{aligned}
36 &= 2^2 \times 3^2 \\
84 &= 2^2 \times 3 \times 7 \\
\hline
 & 2^2 \times 3^2 \times 7
\end{aligned}
$$

∴ (최소공배수)$= 2^2 \times 3^2 \times 7 = 252$

(2)

$$
\begin{array}{l}
2^2 \times 3 \times 7 \\
2 \times 5 \times 7^2 \\
\hline
\text{최소공배수 : } 2^2 \times 3 \times 5 \times 7^2
\end{array}
$$

04

(1) 방법 1

$$
\begin{array}{r|rrr}
2 & 98 & 126 & 210 \\
7 & 49 & 63 & 105 \\
3 & 7 & 9 & 15 \\
\hline
 & 7 & 3 & 5
\end{array}
$$

방법 2

$$
\begin{aligned}
98 &= 2 \times 7^2 \\
126 &= 2 \times 3^2 \times 7 \\
210 &= 2 \times 3 \times 5 \times 7 \\
\hline
 & 2 \times 3^2 \times 5 \times 7^2
\end{aligned}
$$

∴ (최소공배수)$= 2 \times 3^2 \times 5 \times 7^2 = 4410$

(2)

$$
\begin{array}{l}
2^2 \times 5^2 \\
2 \times 3^2 \times 5^3 \\
2^3 \times 5^3 \times 7 \\
\hline
\text{최소공배수 : } 2^3 \times 3^2 \times 5^3 \times 7
\end{array}
$$

01 (1) $+21$ (2) -11 (3) -5 (4) $+6$

(5) $-\dfrac{1}{9}$ (6) -1 (7) $+\dfrac{7}{10}$

(8) $-\dfrac{7}{6}$ (9) -3.4 (10) $+\dfrac{24}{5}$

02 (1) $+1$ (2) -17 (3) -4 (4) -6

(5) -1 (6) $+\dfrac{7}{3}$ (7) $+\dfrac{11}{9}$

(8) $-\dfrac{13}{20}$ (9) -2.8 (10) $+0.7$

03 (1) -1 (2) $+5$ (3) $+\dfrac{3}{10}$

(4) -7.6

04 (1) -6 (2) $+19$ (3) $+\dfrac{4}{5}$

(4) -0.5

01

(1) $(+14)+(+7)=+(14+7)=+21$

(2) $(-8)+(-3)=-(8+3)=-11$

(3) $(+4)+(-9)=-(9-4)=-5$

(4) $(-5)+(+11)=+(11-5)=+6$

(5) $\left(-\dfrac{5}{9}\right)+\left(+\dfrac{4}{9}\right)=-\left(\dfrac{5}{9}-\dfrac{4}{9}\right)=-\dfrac{1}{9}$

(6) $\left(-\dfrac{1}{6}\right)+\left(-\dfrac{5}{6}\right)=-\left(\dfrac{1}{6}+\dfrac{5}{6}\right)=-\dfrac{6}{6}=-1$

(7) $\left(+\dfrac{3}{5}\right)+\left(+\dfrac{1}{10}\right)=\left(+\dfrac{6}{10}\right)+\left(+\dfrac{1}{10}\right)$

$\qquad =+\left(\dfrac{6}{10}+\dfrac{1}{10}\right)=+\dfrac{7}{10}$

(8) $\left(-\dfrac{5}{2}\right)+\left(+\dfrac{4}{3}\right)=\left(-\dfrac{15}{6}\right)+\left(+\dfrac{8}{6}\right)$

$\qquad =-\left(\dfrac{15}{6}-\dfrac{8}{6}\right)=-\dfrac{7}{6}$

(9) $(+1.3)+(-4.7)=-(4.7-1.3)=-3.4$

(10) $\left(-\dfrac{2}{5}\right)+(+5.2)=\left(-\dfrac{2}{5}\right)+\left(+\dfrac{26}{5}\right)$

$\qquad =+\left(\dfrac{26}{5}-\dfrac{2}{5}\right)=+\dfrac{24}{5}$

02

(1) $(+6)-(+5)=(+6)+(-5)$

$\qquad =+(6-5)=+1$

(2) $(-13)-(+4)=(-13)+(-4)$

$\qquad =-(13+4)=-17$

(3) $(-8)-(-4)=(-8)+(+4)$

$\qquad =-(8-4)=-4$

(4) $(+3)-(+9)=(+3)+(-9)$

$\qquad =-(9-3)=-6$

(5) $\left(-\dfrac{3}{8}\right)-\left(+\dfrac{5}{8}\right)=\left(-\dfrac{3}{8}\right)+\left(-\dfrac{5}{8}\right)$

$\qquad =-\left(\dfrac{3}{8}+\dfrac{5}{8}\right)=-\dfrac{8}{8}=-1$

(6) $\left(+\dfrac{2}{3}\right)-\left(-\dfrac{5}{3}\right)=\left(+\dfrac{2}{3}\right)+\left(+\dfrac{5}{3}\right)$

$\qquad =+\left(\dfrac{2}{3}+\dfrac{5}{3}\right)=+\dfrac{7}{3}$

(7) $\left(+\dfrac{5}{9}\right)-\left(-\dfrac{2}{3}\right)=\left(+\dfrac{5}{9}\right)+\left(+\dfrac{6}{9}\right)$

$\qquad =+\left(\dfrac{5}{9}+\dfrac{6}{9}\right)=+\dfrac{11}{9}$

(8) $\left(-\dfrac{2}{5}\right)-\left(+\dfrac{1}{4}\right)=\left(-\dfrac{8}{20}\right)+\left(-\dfrac{5}{20}\right)$

$\qquad =-\left(\dfrac{8}{20}+\dfrac{5}{20}\right)=-\dfrac{13}{20}$

(9) $(-0.5)-(+2.3)=(-0.5)+(-2.3)$

$\qquad =-(0.5+2.3)=-2.8$

(10) $(+2.5)-(+1.8)=(+2.5)+(-1.8)$

$\qquad =+(2.5-1.8)=+0.7$

03

(1) $(-4)+(+10)-(+7)$

$\quad =(-4)+(+10)+(-7)$

$\quad =(-4)+(-7)+(+10)$

$\quad =\{(-4)+(-7)\}+(+10)$

$\quad =(-11)+(+10)=-(11-10)=-1$

(2) $(+11)-(-3)+(-9)$

$\quad =(+11)+(+3)+(-9)$

$\quad =\{(+11)+(+3)\}+(-9)$

$\quad =(+14)+(-9)=+(14-9)=+5$

(3) $\left(-\dfrac{3}{5}\right)-\left(+\dfrac{7}{10}\right)+\left(+\dfrac{8}{5}\right)$

$$= \left(-\frac{3}{5}\right) + \left(-\frac{7}{10}\right) + \left(+\frac{8}{5}\right)$$

$$= \left(-\frac{3}{5}\right) + \left(+\frac{8}{5}\right) + \left(-\frac{7}{10}\right)$$

$$= \left\{\left(-\frac{3}{5}\right) + \left(+\frac{8}{5}\right)\right\} + \left(-\frac{7}{10}\right)$$

$$= (+1) + \left(-\frac{7}{10}\right) = + \left(1 - \frac{7}{10}\right) = +\frac{3}{10}$$

(4) $(-1.2) + (-4.1) - (+2.3)$

$$= (-1.2) + (-4.1) + (-2.3)$$

$$= -(1.2 + 4.1 + 2.3) = -7.6$$

04

(1) $6 - 15 + 3$

$$= (+6) - (+15) + (+3)$$

$$= (+6) + (-15) + (+3)$$

$$= \{(+6) + (+3)\} + (-15)$$

$$= (+9) + (-15)$$

$$= -(15 - 9) = -6$$

(2) $10 - 3 + 12$

$$= (+10) - (+3) + (+12)$$

$$= (+10) + (-3) + (+12)$$

$$= \{(+10) + (+12)\} + (-3)$$

$$= (+22) + (-3)$$

$$= +(22 - 3) = +19$$

(3) $\frac{3}{5} + \frac{1}{3} - \frac{2}{15}$

$$= \left(+\frac{3}{5}\right) + \left(+\frac{1}{3}\right) - \left(+\frac{2}{15}\right)$$

$$= \left(+\frac{3}{5}\right) + \left(+\frac{1}{3}\right) + \left(-\frac{2}{15}\right)$$

$$= \left\{\left(+\frac{3}{5}\right) + \left(+\frac{1}{3}\right)\right\} + \left(-\frac{2}{15}\right)$$

$$= \left\{\left(+\frac{9}{15}\right) + \left(+\frac{5}{15}\right)\right\} + \left(-\frac{2}{15}\right)$$

$$= \left(+\frac{14}{15}\right) + \left(-\frac{2}{15}\right)$$

$$= +\left(\frac{14}{15} - \frac{2}{15}\right) = +\frac{4}{5}$$

(4) $0.7 - 1 - 0.2$

$$= (+0.7) - (+1) - (+0.2)$$

$$= (+0.7) + (-1) + (-0.2)$$

$$= (+0.7) + \{(-1) + (-0.2)\}$$

$$= (+0.7) + (-1.2)$$

$$= -(1.2 - 0.7) = -0.5$$

03 유리수의 사칙연산 (2)

01 (1) $+63$ (2) $+40$ (3) -9 (4) -7

  (5) $+\frac{3}{10}$ (6) 0 (7) -2 (8) -21

02 (1) -1 (2) -20 (3) $+18$ (4) -5

  (5) $+16$ (6) -36 (7) 100

  (8) -81 (9) $-\frac{25}{4}$ (10) $-\frac{9}{32}$

03 (1) $-\frac{48}{5}$ (2) $\frac{4}{9}$ (3) 4

  (4) $-\frac{36}{25}$ (5) $\frac{1}{3}$ (6) $-\frac{1}{3}$

04 (1) -12 (2) -9 (3) -7

01

(1) $(-9) \times (-7) = +(9 \times 7) = +63$

(2) $(+8) \times (+5) = +(8 \times 5) = +40$

(3) $(-54) \div (+6) = -(54 \div 6) = -9$

(4) $(+35) \div (-5) = -(35 \div 5) = -7$

(5) $(-1.8) \times \left(-\frac{1}{6}\right) = \left(-\frac{9}{5}\right) \times \left(-\frac{1}{6}\right)$

$$= +\left(\frac{9}{5} \times \frac{1}{6}\right) = +\frac{3}{10}$$

(6) $\left(-\frac{2}{7}\right) \times 0 = -\left(\frac{2}{7} \times 0\right) = 0$

(7) $(-3.4) \div (+1.7) = -(3.4 \div 1.7) = -2$

(8) $\left(+\frac{7}{6}\right) \div \left(-\frac{1}{18}\right) = \left(+\frac{7}{6}\right) \times (-18)$

$$= -\left(\frac{7}{6} \times 18\right) = -21$$

02

(1) $(-1) \times (-1) \times (-1)$

$$= -(1 \times 1 \times 1) = -1$$

(2) $2 \times (-2) \times 5 = -(2 \times 2 \times 5) = -20$

(3) $(-5) \times 9 \times (-0.4)$

$$= +(5 \times 9 \times 0.4) = +18$$

(4) $\left(-\dfrac{4}{5}\right) \times \dfrac{5}{8} \times 10 = -\left(\dfrac{4}{5} \times \dfrac{5}{8} \times 10\right) = -5$

(5) $(-4)^2 = (-4) \times (-4) = +(4 \times 4) = +16$

(6) $-6^2 = -(6 \times 6) = -36$

(7) $5^2 \times (-2)^2 = 25 \times 4 = 100$

(8) $(-3)^2 \times (-3^2)$
$= 9 \times (-9) = -(9 \times 9) = -81$

(9) $(-1)^5 \times \left(-\dfrac{5}{2}\right)^2 = (-1) \times \dfrac{25}{4}$
$= -\left(1 \times \dfrac{25}{4}\right) = -\dfrac{25}{4}$

(10) $\left(-\dfrac{1}{2}\right)^3 \times \left(\dfrac{3}{2}\right)^2 = \left(-\dfrac{1}{8}\right) \times \dfrac{9}{4}$
$= -\left(\dfrac{1}{8} \times \dfrac{9}{4}\right) = -\dfrac{9}{32}$

03

(1) $9 \div \left(-\dfrac{5}{6}\right) \times \dfrac{8}{9} = 9 \times \left(-\dfrac{6}{5}\right) \times \dfrac{8}{9} = -\dfrac{48}{5}$

(2) $\left(-\dfrac{5}{12}\right) \div (-3) \times 3.2$
$= \left(-\dfrac{5}{12}\right) \times \left(-\dfrac{1}{3}\right) \times \dfrac{16}{5}$
$= \dfrac{4}{9}$

(3) $8 \times (-3)^2 \div 18 = 8 \times 9 \div 18$
$= 72 \div 18$
$= 4$

(4) $2^2 \times (-3^2) \div (-5)^2$
$= 4 \times (-9) \div 25$
$= (-36) \times \dfrac{1}{25} = -\dfrac{36}{25}$

(5) $\left(-\dfrac{2}{3}\right) \times \left(-\dfrac{3}{4}\right)^2 \div \left(-\dfrac{9}{8}\right)$
$= \left(-\dfrac{2}{3}\right) \times \dfrac{9}{16} \times \left(-\dfrac{8}{9}\right) = \dfrac{1}{3}$

(6) $(-0.5)^3 \div \left(-\dfrac{3}{2}\right)^2 \times 6$
$= \left(-\dfrac{1}{2}\right)^3 \div \dfrac{9}{4} \times 6$
$= \left(-\dfrac{1}{8}\right) \times \dfrac{4}{9} \times 6 = -\dfrac{1}{3}$

04

(1) $4 - \{6 \div (3-1) + 5\} \times 2$
$= 4 - (6 \div 2 + 5) \times 2$
$= 4 - (3+5) \times 2$
$= 4 - 8 \times 2$
$= 4 - 16 = -12$

(2) $10 \div \{(-1)^5 \times 3 + 2\} + 1$
$= 10 \div \{(-1) \times 3 + 2\} + 1$
$= 10 \div \{(-3) + 2\} + 1$
$= 10 \div (-1) + 1$
$= (-10) + 1 = -9$

(3) $5 - 2 \times \left\{(-2)^4 + 4 \div \left(-\dfrac{2}{5}\right)\right\}$
$= 5 - 2 \times \left\{16 + 4 \times \left(-\dfrac{5}{2}\right)\right\}$
$= 5 - 2 \times \{16 + (-10)\}$
$= 5 - 2 \times 6 = 5 - 12 = -7$

---

04 제곱근의 뜻과 성질

01 (1) ± 1 (2) -2 (3) $\pm\sqrt{13}$
(4) 0 (5) 없다. (6) $+\sqrt{2.5}$
(7) $\sqrt{\dfrac{7}{5}}$ (8) ± 0.8

02 (1) 7 (2) $-\dfrac{1}{4}$ (3) ± 13 (4) 0.3
(5) -6 (6) $-\dfrac{12}{5}$

03 (1) $\dfrac{1}{2}$ (2) $\dfrac{5}{3}$ (3) -0.2
(4) -0.05 (5) $\dfrac{4}{7}$ (6) -1.3

04 (1) 36 (2) -1

04

(1) $(-\sqrt{12})^2 \times \sqrt{3^2} = 12 \times 3 = 36$

(2) $\sqrt{100} - \sqrt{(-13)^2} + (-\sqrt{2})^2$
$= 10 - 13 + 2$
$= -3 + 2 = -1$

01 (1) $\sqrt{70}$ (2) $\sqrt{7}$ (3) $\sqrt{30}$

    (4) $\sqrt{6}$ (5) $-2\sqrt{10}$ (6) $\dfrac{7}{2}\sqrt{7}$

02 (1) $\sqrt{24}$ (2) $-\sqrt{45}$ (3) $\sqrt{\dfrac{7}{4}}$

03 (1) $3\sqrt{3}$ (2) $-2\sqrt{10}$ (3) $5\sqrt{7}$

04 (1) $\sqrt{\dfrac{5}{9}}$ (2) $-\sqrt{\dfrac{7}{16}}$ (3) $\sqrt{\dfrac{3}{10}}$

05 (1) $\dfrac{\sqrt{17}}{2}$ (2) $\dfrac{\sqrt{3}}{10}$ (3) $\dfrac{\sqrt{70}}{10}$

01

(1) $\sqrt{7}\times\sqrt{10}=\sqrt{7\times10}=\sqrt{70}$

(2) $\dfrac{\sqrt{21}}{\sqrt{3}}=\sqrt{\dfrac{21}{3}}=\sqrt{7}$

(3) $\sqrt{2}\times\sqrt{3}\times\sqrt{5}=\sqrt{2\times3\times5}=\sqrt{30}$

(4) $\sqrt{15}\times\sqrt{\dfrac{2}{5}}=\sqrt{15\times\dfrac{2}{5}}=\sqrt{6}$

(5) $-\sqrt{2}\times2\sqrt{5}=(-1\times2)\times\sqrt{2\times5}$
$\qquad\qquad\qquad =-2\sqrt{10}$

(6) $(-7\sqrt{14})\div(-2\sqrt{2})$
$\quad =\dfrac{-7\sqrt{14}}{-2\sqrt{2}}$
$\quad =\dfrac{7}{2}\sqrt{\dfrac{14}{2}}=\dfrac{7}{2}\sqrt{7}$

02

(1) $2\sqrt{6}=\sqrt{2^2\times6}=\sqrt{24}$

(2) $-3\sqrt{5}=-\sqrt{3^2\times5}=-\sqrt{45}$

(3) $\dfrac{1}{2}\sqrt{7}=\sqrt{\left(\dfrac{1}{2}\right)^2\times7}=\sqrt{\dfrac{7}{4}}$

03

(1) $\sqrt{27}=\sqrt{3^2\times3}=3\sqrt{3}$

(2) $-\sqrt{40}=-\sqrt{2^2\times10}=-2\sqrt{10}$

(3) $\sqrt{175}=\sqrt{5^2\times7}=5\sqrt{7}$

04

(1) $\dfrac{\sqrt{5}}{3}=\dfrac{\sqrt{5}}{\sqrt{3^2}}=\sqrt{\dfrac{5}{9}}$

(2) $-\dfrac{\sqrt{7}}{4}=-\dfrac{\sqrt{7}}{\sqrt{4^2}}=-\sqrt{\dfrac{7}{16}}$

(3) $\dfrac{\sqrt{30}}{10}=\dfrac{\sqrt{30}}{\sqrt{10^2}}=\sqrt{\dfrac{30}{100}}=\sqrt{\dfrac{3}{10}}$

05

(1) $\sqrt{\dfrac{17}{4}}=\sqrt{\dfrac{17}{2^2}}=\dfrac{\sqrt{17}}{2}$

(2) $\sqrt{0.03}=\sqrt{\dfrac{3}{100}}=\sqrt{\dfrac{3}{10^2}}=\dfrac{\sqrt{3}}{10}$

(3) $\sqrt{0.7}=\sqrt{\dfrac{70}{100}}=\sqrt{\dfrac{70}{10^2}}=\dfrac{\sqrt{70}}{10}$

---

06   근호를 포함한 식의 계산 (2)

01 (1) $\dfrac{\sqrt{6}}{6}$ (2) $-\dfrac{\sqrt{21}}{7}$ (3) $-\dfrac{\sqrt{15}}{3}$

    (4) $\dfrac{\sqrt{39}}{13}$ (5) $\dfrac{5\sqrt{2}}{6}$ (6) $\dfrac{\sqrt{15}}{2}$

02 (1) $\dfrac{3\sqrt{3}}{5}$ (2) $-\dfrac{\sqrt{6}}{15}$

    (3) $4\sqrt{3}+\sqrt{2}$

    (4) $4\sqrt{2}-2\sqrt{5}$

    (5) $\sqrt{3}$ (6) $-3\sqrt{5}$

03 (1) $-10-5\sqrt{6}$

    (2) $3\sqrt{7}-\sqrt{5}$

    (3) $\dfrac{\sqrt{14}-\sqrt{10}}{2}$

    (4) $\dfrac{2\sqrt{3}}{3}-\dfrac{3\sqrt{2}}{4}$

01

(1) $\dfrac{1}{\sqrt{6}}=\dfrac{1\times\sqrt{6}}{\sqrt{6}\times\sqrt{6}}=\dfrac{\sqrt{6}}{6}$

(2) $-\dfrac{3}{\sqrt{21}} = -\dfrac{3 \times \sqrt{21}}{\sqrt{21} \times \sqrt{21}}$

$\qquad = -\dfrac{3\sqrt{21}}{21} = -\dfrac{\sqrt{21}}{7}$

(3) $-\dfrac{\sqrt{5}}{\sqrt{3}} = -\dfrac{\sqrt{5} \times \sqrt{3}}{\sqrt{3} \times \sqrt{3}} = -\dfrac{\sqrt{15}}{3}$

(4) $\sqrt{\dfrac{3}{13}} = \dfrac{\sqrt{3}}{\sqrt{13}} = \dfrac{\sqrt{3} \times \sqrt{13}}{\sqrt{13} \times \sqrt{13}} = \dfrac{\sqrt{39}}{13}$

(5) $\dfrac{5}{3\sqrt{2}} = \dfrac{5 \times \sqrt{2}}{3\sqrt{2} \times \sqrt{2}} = \dfrac{5\sqrt{2}}{6}$

(6) $\dfrac{5\sqrt{3}}{\sqrt{20}} = \dfrac{5\sqrt{3}}{2\sqrt{5}}$

$\qquad = \dfrac{5\sqrt{3} \times \sqrt{5}}{2\sqrt{5} \times \sqrt{5}}$

$\qquad = \dfrac{5\sqrt{15}}{10} = \dfrac{\sqrt{15}}{2}$

02

(1) $\sqrt{3} - \dfrac{2\sqrt{3}}{5} = \dfrac{5\sqrt{3}}{5} - \dfrac{2\sqrt{3}}{5} = \dfrac{3\sqrt{3}}{5}$

(2) $\dfrac{\sqrt{6}}{3} - \dfrac{2\sqrt{6}}{5} = \dfrac{5\sqrt{6}}{15} - \dfrac{6\sqrt{6}}{15} = -\dfrac{\sqrt{6}}{15}$

(3) $-\sqrt{3} + \sqrt{2} + 5\sqrt{3}$

$\qquad = (-1+5)\sqrt{3} + \sqrt{2}$

$\qquad = 4\sqrt{3} + \sqrt{2}$

(4) $\sqrt{18} - \sqrt{20} + \sqrt{2} = 3\sqrt{2} - 2\sqrt{5} + \sqrt{2}$

$\qquad\qquad\qquad = (3+1)\sqrt{2} - 2\sqrt{5}$

$\qquad\qquad\qquad = 4\sqrt{2} - 2\sqrt{5}$

(5) $3\sqrt{12} - \sqrt{75} = 3 \times 2\sqrt{3} - 5\sqrt{3}$

$\qquad\qquad\qquad = 6\sqrt{3} - 5\sqrt{3} = \sqrt{3}$

(6) $2\sqrt{5} - \dfrac{25}{\sqrt{5}} = 2\sqrt{5} - \dfrac{25\sqrt{5}}{5}$

$\qquad\qquad\qquad = 2\sqrt{5} - 5\sqrt{5} = -3\sqrt{5}$

03

(1) $-\sqrt{5}(\sqrt{20} + \sqrt{30}) = -\sqrt{100} - \sqrt{150}$

$\qquad\qquad\qquad\qquad = -10 - 5\sqrt{6}$

(2) $(3\sqrt{21} - \sqrt{15}) \div \sqrt{3}$

$\qquad = \dfrac{3\sqrt{21}}{\sqrt{3}} - \dfrac{\sqrt{15}}{\sqrt{3}}$

$= 3\sqrt{7} - \sqrt{5}$

(3) $\dfrac{\sqrt{7} - \sqrt{5}}{\sqrt{2}}$

$\qquad = \dfrac{(\sqrt{7} - \sqrt{5}) \times \sqrt{2}}{\sqrt{2} \times \sqrt{2}}$

$\qquad = \dfrac{\sqrt{14} - \sqrt{10}}{2}$

(4) $\dfrac{4\sqrt{2} - 3\sqrt{3}}{2\sqrt{6}}$

$\qquad = \dfrac{(4\sqrt{2} - 3\sqrt{3}) \times \sqrt{6}}{2\sqrt{6} \times \sqrt{6}}$

$\qquad = \dfrac{4\sqrt{12} - 3\sqrt{18}}{12}$

$\qquad = \dfrac{8\sqrt{3} - 9\sqrt{2}}{12}$

$\qquad = \dfrac{2\sqrt{3}}{3} - \dfrac{3\sqrt{2}}{4}$

Ⅱ 문자와 식

07 단항식의 곱셈과 나눗셈

01 (1) $18xy$ (2) $6a^2b$ (3) $-14a^4b^2$

$\quad$ (4) $-15x^3y^4$ (5) $3x^8$ (6) $-\dfrac{3}{8}a^4b^5$

02 (1) $4b$ (2) $5xy$ (3) $\dfrac{9a^2}{b}$

$\quad$ (4) $\dfrac{1}{12x^6y}$ (5) $\dfrac{y}{x^2}$ (6) $\dfrac{3}{2a^4b^5}$

03 (1) $10x$ (2) $9a^2b^3$ (3) a^2

$\quad$ (4) $-\dfrac{25}{3}x^2y$

01

(1) $9x \times 2y = 18xy$

(2) $2a \times 3ab = 6a^2b$

(3) $2a^3 \times (-7ab^2) = -14a^4b^2$

(4) $(-3x^2y) \times 5xy^3 = -15x^3y^4$

(5) $\left(\dfrac{1}{3}x^2\right)^2 \times 27x^4 = \dfrac{1}{9}x^4 \times 27x^4 = 3x^8$

(6) $\left(-\dfrac{3}{4}ab\right)^2 \times \left(-\dfrac{2}{3}a^2b^3\right)$

$= \dfrac{9}{16}a^2b^2 \times \left(-\dfrac{2}{3}a^2b^3\right)$

$= -\dfrac{3}{8}a^4b^5$

02

(1) $16ab^2 \div 4ab = \dfrac{16ab^2}{4ab} = 4b$

(2) $10x^3y^2 \div 2x^2y = \dfrac{10x^3y^2}{2x^2y} = 5xy$

(3) $3a^3b \div \dfrac{ab^2}{3} = 3a^3b \times \dfrac{3}{ab^2} = \dfrac{9a^2}{b}$

(4) $\dfrac{2}{3}xy^4 \div 8x^7y^5 = \dfrac{2}{3}xy^4 \times \dfrac{1}{8x^7y^5}$

$= \dfrac{1}{12x^6y}$

(5) $\left(\dfrac{1}{3}xy\right)^2 \div \dfrac{1}{9}x^4y = \dfrac{1}{9}x^2y^2 \times \dfrac{9}{x^4y} = \dfrac{y}{x^2}$

(6) $\left(\dfrac{3}{ab}\right)^2 \div 6a^2b^3 = \dfrac{9}{a^2b^2} \times \dfrac{1}{6a^2b^3} = \dfrac{3}{2a^4b^5}$

03

(1) $2x^3 \times 5x \div x^3 = 2x^3 \times 5x \times \dfrac{1}{x^3} = 10x$

(2) $18a^4b \div 6a^3b^3 \times 3ab^5$

$= 18a^4b \times \dfrac{1}{6a^3b^3} \times 3ab^5$

$= 9a^2b^3$

(3) $a^8 \div a \div a^5 = a^8 \times \dfrac{1}{a} \times \dfrac{1}{a^5} = a^2$

(4) $-xy^4 \div \dfrac{1}{5}x^7y^5 \times \dfrac{5}{3}x^8y^2$

$= -xy^4 \times \dfrac{5}{x^7y^5} \times \dfrac{5}{3}x^8y^2$

$= -\dfrac{25}{3}x^2y$

08 다항식의 덧셈과 뺄셈

01 (1) $9x-y$ (2) $\dfrac{3}{4}x+2y$ (3) $2a^2+3a$

(4) $x+8y$ (5) $\dfrac{1}{3}x-\dfrac{5}{6}y$

(6) $-3a^2-6a$

02 (1) $5x+2y$ (2) $9a-4b-5$

03 (1) $x-14y$ (2) $-\dfrac{2}{3}x+\dfrac{1}{6}y$

01

(1) $(5x+2y)+(4x-3y) = 5x+2y+4x-3y$

$= 5x+4x+2y-3y$

$= 9x-y$

(2) $\dfrac{x+2y}{4} + \dfrac{x+3y}{2} = \dfrac{x+2y+2(x+3y)}{4}$

$= \dfrac{x+2y+2x+6y}{4}$

$= \dfrac{3x+8y}{4}$

$= \dfrac{3}{4}x+2y$

(3) $(3a^2-a)+(-a^2+4a) = 3a^2-a-a^2+4a$

$= 3a^2-a^2-a+4a$

$= 2a^2+3a$

(4) $(3x+5y)-(2x-3y) = 3x+5y-2x+3y$

$= 3x-2x+5y+3y$

$= x+8y$

(5) $\dfrac{4x-3y}{6} - \dfrac{x+y}{3} = \dfrac{4x-3y-2(x+y)}{6}$

$= \dfrac{4x-3y-2x-2y}{6}$

$= \dfrac{2x-5y}{6}$

$= \dfrac{1}{3}x-\dfrac{5}{6}y$

(6) $(4a^2-3a)-(7a^2+3a)$

$= 4a^2-3a-7a^2-3a$

$= 4a^2-7a^2-3a-3a$

$= -3a^2-6a$

08 다항식의 덧셈과 뺄셈

01 (1) $9x-y$ (2) $\dfrac{3}{4}x+2y$ (3) $2a^2+3a$

(4) $x+8y$ (5) $\dfrac{1}{3}x-\dfrac{5}{6}y$

(6) $-3a^2-6a$

02 (1) $5x+2y$ (2) $9a-4b-5$

03 (1) $x-14y$ (2) $-\dfrac{2}{3}x+\dfrac{1}{6}y$

01

(1) $(5x+2y)+(4x-3y) = 5x+2y+4x-3y$

$= 5x+4x+2y-3y$

$= 9x-y$

(2) $\dfrac{x+2y}{4} + \dfrac{x+3y}{2} = \dfrac{x+2y+2(x+3y)}{4}$

$= \dfrac{x+2y+2x+6y}{4}$

$= \dfrac{3x+8y}{4}$

$= \dfrac{3}{4}x+2y$

(3) $(3a^2-a)+(-a^2+4a) = 3a^2-a-a^2+4a$

$= 3a^2-a^2-a+4a$

$= 2a^2+3a$

(4) $(3x+5y)-(2x-3y) = 3x+5y-2x+3y$

$= 3x-2x+5y+3y$

$= x+8y$

(5) $\dfrac{4x-3y}{6} - \dfrac{x+y}{3} = \dfrac{4x-3y-2(x+y)}{6}$

$= \dfrac{4x-3y-2x-2y}{6}$

$= \dfrac{2x-5y}{6}$

$= \dfrac{1}{3}x-\dfrac{5}{6}y$

(6) $(4a^2-3a)-(7a^2+3a)$

$= 4a^2-3a-7a^2-3a$

$= 4a^2-7a^2-3a-3a$

$= -3a^2-6a$

02

(1) $2x - \{5y - (3x + 7y)\}$
  $= 2x - (5y - 3x - 7y)$
  $= 2x - 5y + 3x + 7y$
  $= 5x + 2y$

(2) $a - \{5 - (8a - 4b)\} = a - (5 - 8a + 4b)$
  $\qquad\qquad\qquad = a - 5 + 8a - 4b$
  $\qquad\qquad\qquad = 9a - 4b - 5$

03

(1) $2A + 5B = 2(-2x + 3y) + 5(x - 4y)$
  $\qquad\quad = -4x + 6y + 5x - 20y$
  $\qquad\quad = x - 14y$

(2) $\dfrac{A}{2} + \dfrac{B}{3} = \dfrac{-2x + 3y}{2} + \dfrac{x - 4y}{3}$

  $\qquad\quad = \dfrac{3(-2x + 3y) + 2(x - 4y)}{6}$

  $\qquad\quad = \dfrac{-6x + 9y + 2x - 8y}{6}$

  $\qquad\quad = \dfrac{-4x + y}{6}$

  $\qquad\quad = -\dfrac{2}{3}x + \dfrac{1}{6}y$

---

09 단항식과 다항식의 곱셈과 나눗셈

01 (1) $y^2 - 6yz$ (2) $-8a^2 + 4ab$
     (3) $9x^2 - 12xy$ (4) $30ab - 35b^2$
     (5) $-15a^2b - 9ab^2$ (6) $14x^2y - 2xy^2$
     (7) $a^2 + 2ab - 3a$ (8) $2a^2 + 6ab - 4a$

02 (1) $4a + 6b$ (2) $x - 3$
     (3) $2x^3 - 5$ (4) $3x^2y^2 + 4y$
     (5) $16x^3 + 24x^2y$ (6) $-3y + 9$

03 (1) $6x^2 - 11xy$ (2) $-x + y$

01

(1) $y(y - 6z) = y \times y + y \times (-6z)$
  $\qquad\qquad = y^2 - 6yz$

(2) $(4a - 2b) \times (-2a)$
  $= 4a \times (-2a) - 2b \times (-2a)$

  $= -8a^2 + 4ab$

(3) $\dfrac{3}{4}x(12x - 16y)$

  $= \dfrac{3}{4}x \times 12x + \dfrac{3}{4}x \times (-16y)$

  $= 9x^2 - 12xy$

(4) $(18a - 21b) \times \dfrac{5}{3}b$

  $= 18a \times \dfrac{5}{3}b - 21b \times \dfrac{5}{3}b$

  $= 30ab - 35b^2$

(5) $-3ab(5a + 3b)$
  $= -3ab \times 5a + (-3ab) \times 3b$
  $= -15a^2b - 9ab^2$

(6) $(7x - y) \times 2xy = 7x \times 2xy - y \times 2xy$
  $\qquad\qquad\qquad\quad = 14x^2y - 2xy^2$

(7) $\dfrac{1}{4}a(4a + 8b - 12)$

  $= \dfrac{1}{4}a \times 4a + \dfrac{1}{4}a \times 8b + \dfrac{1}{4}a \times (-12)$

  $= a^2 + 2ab - 3a$

(8) $(a + 3b - 2) \times 2a$
  $= a \times 2a + 3b \times 2a - 2 \times 2a$
  $= 2a^2 + 6ab - 4a$

02

(1) $(12a^2 + 18ab) \div 3a = \dfrac{12a^2 + 18ab}{3a}$

  $\qquad\qquad\qquad\qquad = \dfrac{12a^2}{3a} + \dfrac{18ab}{3a}$

  $\qquad\qquad\qquad\qquad = 4a + 6b$

(2) $(7x^2 - 21x) \div 7x = \dfrac{7x^2 - 21x}{7x}$

  $\qquad\qquad\qquad\qquad = \dfrac{7x^2}{7x} - \dfrac{21x}{7x}$

  $\qquad\qquad\qquad\qquad = x - 3$

(3) $(4x^4y - 10xy) \div 2xy = \dfrac{4x^4y - 10xy}{2xy}$

  $\qquad\qquad\qquad\qquad\quad = \dfrac{4x^4y}{2xy} - \dfrac{10xy}{2xy}$

  $\qquad\qquad\qquad\qquad\quad = 2x^3 - 5$

(4) $\left(6x^4y^3+8x^2y^2\right)\div 2x^2y = \dfrac{6x^4y^3+8x^2y^2}{2x^2y}$

$$= \dfrac{6x^4y^3}{2x^2y}+\dfrac{8x^2y^2}{2x^2y}$$

$$= 3x^2y^2+4y$$

(5) $\left(4x^3y+6x^2y^2\right)\div \dfrac{1}{4}y$

$$= \left(4x^3y+6x^2y^2\right)\times \dfrac{4}{y}$$

$$= 4x^3y\times \dfrac{4}{y}+6x^2y^2\times \dfrac{4}{y}$$

$$= 16x^3+24x^2y$$

(6) $\left(2xy-6x\right)\div \left(-\dfrac{2}{3}x\right)$

$$= \left(2xy-6x\right)\times \left(-\dfrac{3}{2x}\right)$$

$$= 2xy\times \left(-\dfrac{3}{2x}\right)-6x\times \left(-\dfrac{3}{2x}\right)$$

$$= -3y+9$$

03

(1) $3x\left(4x-y\right)-2x\left(3x+4y\right)$

$$= 12x^2-3xy-6x^2-8xy$$

$$= 6x^2-11xy$$

(2) $\left(6x-24y\right)\div 6-\left(8x^2-20xy\right)\div 4x$

$$= \dfrac{6x-24y}{6}-\dfrac{8x^2-20xy}{4x}$$

$$= x-4y-\left(2x-5y\right)$$

$$= x-4y-2x+5y = -x+y$$

---

10 곱셈 공식 (1)

01 (1) a^2+6a+9　　(2) $y^2-8y+16$

(3) $b^2+\dfrac{2}{3}b+\dfrac{1}{9}$　　(4) $x^2-\dfrac{1}{2}x+\dfrac{1}{16}$

(5) $4y^2+20y+25$　(6) $9x^2-6x+1$

(7) $\dfrac{1}{4}x^2+x+1$　(8) $\dfrac{4}{9}a^2-\dfrac{8}{3}a+4$

02 (1) $4a^2+4ab+b^2$

(2) $9x^2-\dfrac{3}{2}xy+\dfrac{1}{16}y^2$

(3) $16a^2+8a+1$　　(4) $x^2-18x+81$

(5) $y^2+6yz+9z^2$

(6) $25x^2-30xy+9y^2$

03 (1) x^2-4　　　　(2) $x^2-\dfrac{1}{9}$

(3) $25-x^2$　　　(4) $9x^2-4$

(5) $4a^2-\dfrac{1}{25}$　　(6) $49-4x^2$

04 (1) $4a^2-9b^2$　　(2) $25x^2-36y^2$

(3) $a^2-\dfrac{16}{9}b^2$　　(4) a^2-36

(5) $9z^2-49y^2$　　(6) $64-9x^2$

01

(1) $\left(a+3\right)^2 = a^2+2\times a\times 3+3^2$

$$= a^2+6a+9$$

(2) $\left(y-4\right)^2 = y^2-2\times y\times 4+4^2$

$$= y^2-8y+16$$

(3) $\left(b+\dfrac{1}{3}\right)^2 = b^2+2\times b\times \dfrac{1}{3}+\left(\dfrac{1}{3}\right)^2$

$$= b^2+\dfrac{2}{3}b+\dfrac{1}{9}$$

(4) $\left(x-\dfrac{1}{4}\right)^2 = x^2-2\times x\times \dfrac{1}{4}+\left(\dfrac{1}{4}\right)^2$

$$= x^2-\dfrac{1}{2}x+\dfrac{1}{16}$$

(5) $\left(2y+5\right)^2 = \left(2y\right)^2+2\times 2y\times 5+5^2$

$$= 4y^2+20y+25$$

(6) $\left(3x-1\right)^2 = \left(3x\right)^2-2\times 3x\times 1+1^2$

$$= 9x^2 - 6x + 1$$

(7) $\left(\dfrac{1}{2}x + 1\right)^2 = \left(\dfrac{1}{2}x\right)^2 + 2 \times \dfrac{1}{2}x \times 1 + 1^2$

$$= \dfrac{1}{4}x^2 + x + 1$$

(8) $\left(\dfrac{2}{3}a - 2\right)^2 = \left(\dfrac{2}{3}a\right)^2 - 2 \times \dfrac{2}{3}a \times 2 + 2^2$

$$= \dfrac{4}{9}a^2 - \dfrac{8}{3}a + 4$$

02

(1) $(2a + b)^2 = (2a)^2 + 2 \times 2a \times b + b^2$

$$= 4a^2 + 4ab + b^2$$

(2) $\left(3x - \dfrac{1}{4}y\right)^2$

$$= (3x)^2 - 2 \times 3x \times \dfrac{1}{4}y + \left(\dfrac{1}{4}y\right)^2$$

$$= 9x^2 - \dfrac{3}{2}xy + \dfrac{1}{16}y^2$$

(3) $(-4a - 1)^2$

$$= (-4a)^2 - 2 \times (-4a) \times 1 + 1^2$$

$$= 16a^2 + 8a + 1$$

(4) $(-x + 9)^2 = (-x)^2 + 2 \times (-x) \times 9 + 9^2$

$$= x^2 - 18x + 81$$

(5) $(-y - 3z)^2$

$$= (-y)^2 - 2 \times (-y) \times 3z + (3z)^2$$

$$= y^2 + 6yz + 9z^2$$

(6) $(-5x + 3y)^2$

$$= (-5x)^2 + 2 \times (-5x) \times 3y + (3y)^2$$

$$= 25x^2 - 30xy + 9y^2$$

03

(1) $(x + 2)(x - 2) = x^2 - 2^2 = x^2 - 4$

(2) $\left(x - \dfrac{1}{3}\right)\left(x + \dfrac{1}{3}\right) = x^2 - \left(\dfrac{1}{3}\right)^2 = x^2 - \dfrac{1}{9}$

(3) $(5 + x)(5 - x) = 5^2 - x^2 = 25 - x^2$

(4) $(3x + 2)(3x - 2) = (3x)^2 - 2^2 = 9x^2 - 4$

(5) $\left(2a + \dfrac{1}{5}\right)\left(2a - \dfrac{1}{5}\right) = (2a)^2 - \left(\dfrac{1}{5}\right)^2$

$$= 4a^2 - \dfrac{1}{25}$$

(6) $(7 + 2x)(7 - 2x) = 7^2 - (2x)^2 = 49 - 4x^2$

04

(1) $(2a + 3b)(2a - 3b) = (2a)^2 - (3b)^2$

$$= 4a^2 - 9b^2$$

(2) $(5x - 6y)(5x + 6y) = (5x)^2 - (6y)^2$

$$= 25x^2 - 36y^2$$

(3) $\left(a + \dfrac{4}{3}b\right)\left(a - \dfrac{4}{3}b\right) = a^2 - \left(\dfrac{4}{3}b\right)^2$

$$= a^2 - \dfrac{16}{9}b^2$$

(4) $(-a + 6)(-a - 6) = (-a)^2 - 6^2$

$$= a^2 - 36$$

(5) $(7y - 3z)(-7y - 3z)$

$$= (-3z + 7y)(-3z - 7y)$$

$$= (-3z)^2 - (7y)^2$$

$$= 9z^2 - 49y^2$$

(6) $(3x + 8)(-3x + 8) = (8 + 3x)(8 - 3x)$

$$= 8^2 - (3x)^2$$

$$= 64 - 9x^2$$

11　곱셈 공식 (2)

01 (1) $x^2 + 9x + 14$　(2) $x^2 - 6x + 5$

(3) $x^2 + 4x - 32$　(4) $x^2 - 6x - 27$

(5) $x^2 - \dfrac{7}{12}x + \dfrac{1}{12}$　(6) $x^2 - \dfrac{23}{6}x - \dfrac{2}{3}$

(7) $x^2 + 10xy + 9y^2$　(8) $x^2 + 5xy - 14y^2$

02 (1) $8x^2 + 10x + 3$　(2) $10x^2 - 19x + 6$

(3) $15x^2 + 7x - 2$　(4) $28x^2 + 27x - 10$

(5) $15x^2 - 11x - 12$

(6) $\dfrac{1}{10}x^2 - \dfrac{2}{15}x - \dfrac{1}{18}$

(7) $6x^2 + 11xy - 10y^2$

(8) $30x^2 - 61xy + 30y^2$

(1) $(x+2)(x+7)=x^2+(2+7)x+2\times 7$
$$=x^2+9x+14$$

(2) $(x-1)(x-5)$
$$=x^2+(-1-5)x+(-1)\times(-5)$$
$$=x^2-6x+5$$

(3) $(x-4)(x+8)$
$$=x^2+(-4+8)x+(-4)\times 8$$
$$=x^2+4x-32$$

(4) $(x+3)(x-9)$
$$=x^2+(3-9)x+3\times(-9)$$
$$=x^2-6x-27$$

(5) $\left(x-\dfrac{1}{4}\right)\left(x-\dfrac{1}{3}\right)$
$$=x^2+\left(-\dfrac{1}{4}-\dfrac{1}{3}\right)x+\left(-\dfrac{1}{4}\right)\times\left(-\dfrac{1}{3}\right)$$
$$=x^2-\dfrac{7}{12}x+\dfrac{1}{12}$$

(6) $\left(x+\dfrac{1}{6}\right)(x-4)$
$$=x^2+\left(\dfrac{1}{6}-4\right)x+\dfrac{1}{6}\times(-4)$$
$$=x^2-\dfrac{23}{6}x-\dfrac{2}{3}$$

(7) $(x+9y)(x+y)$
$$=x^2+(9y+y)x+9y\times y$$
$$=x^2+10xy+9y^2$$

(8) $(x-2y)(x+7y)$
$$=x^2+(-2y+7y)x+(-2y)\times 7y$$
$$=x^2+5xy-14y^2$$

(1) $(4x+3)(2x+1)$
$$=(4\times 2)x^2+(4\times 1+3\times 2)x+3\times 1$$
$$=8x^2+10x+3$$

(2) $(2x-3)(5x-2)$
$$=(2\times 5)x^2+\{2\times(-2)+(-3)\times 5\}x$$
$$+(-3)\times(-2)$$
$$=10x^2-19x+6$$

(3) $(5x-1)(3x+2)$
$$=(5\times 3)x^2+\{5\times 2+(-1)\times 3\}x$$
$$+(-1)\times 2$$
$$=15x^2+7x-2$$

(4) $(4x+5)(7x-2)$
$$=(4\times 7)x^2+\{4\times(-2)+5\times 7\}x$$
$$+5\times(-2)$$
$$=28x^2+27x-10$$

(5) $(-3x+4)(-5x-3)$
$$=\{(-3)\times(-5)\}x^2$$
$$+\{(-3)\times(-3)+4\times(-5)\}x$$
$$+4\times(-3)$$
$$=15x^2-11x-12$$

(6) $\left(\dfrac{1}{2}x+\dfrac{1}{6}\right)\left(\dfrac{1}{5}x-\dfrac{1}{3}\right)$
$$=\left(\dfrac{1}{2}\times\dfrac{1}{5}\right)x^2+\left\{\dfrac{1}{2}\times\left(-\dfrac{1}{3}\right)+\dfrac{1}{6}\times\dfrac{1}{5}\right\}x$$
$$+\dfrac{1}{6}\times\left(-\dfrac{1}{3}\right)$$
$$=\dfrac{1}{10}x^2-\dfrac{2}{15}x-\dfrac{1}{18}$$

(7) $(3x-2y)(2x+5y)$
$$=(3\times 2)x^2+\{3\times 5y+(-2y)\times 2\}x$$
$$+(-2y)\times 5y$$
$$=6x^2+11xy-10y^2$$

(8) $(6x-5y)(5x-6y)$
$$=(6\times 5)x^2+\{6\times(-6y)$$
$$+(-5y)\times 5\}x+(-5y)\times(-6y)$$
$$=30x^2-61xy+30y^2$$

| 12 | 곱셈 공식의 활용 |

(1) 10609 (2) 82.81 (3) 39601
(4) 39991 (5) 35.96 (6) 92110

(1) 41 (2) 33

(1) 19 (2) 29

(1) $103^2=(100+3)^2$
$$=100^2+2\times 100\times 3+3^2$$

$$= 10000 + 600 + 9$$
$$= 10609$$

(2) $9.1^2 = (9 + 0.1)^2$
$$= 9^2 + 2 \times 9 \times 0.1 + 0.1^2$$
$$= 81 + 1.8 + 0.01$$
$$= 82.81$$

(3) $199^2 = (200 - 1)^2$
$$= 200^2 - 2 \times 200 \times 1 + 1^2$$
$$= 40000 - 400 + 1$$
$$= 39601$$

(4) $203 \times 197 = (200 + 3)(200 - 3)$
$$= 200^2 - 3^2$$
$$= 40000 - 9$$
$$= 39991$$

(5) $6.2 \times 5.8 = (6 + 0.2)(6 - 0.2)$
$$= 6^2 - 0.2^2$$
$$= 36 - 0.04$$
$$= 35.96$$

(6) $302 \times 305 = (300 + 2)(300 + 5)$
$$= 300^2 + (2 + 5) \times 300 + 2 \times 5$$
$$= 90000 + 2100 + 10$$
$$= 92110$$

02

(1) $x^2 + y^2 = (x + y)^2 - 2xy$
$$= 7^2 - 2 \times 4$$
$$= 49 - 8 = 41$$

(2) $(x - y)^2 = (x + y)^2 - 4xy$
$$= 7^2 - 4 \times 4$$
$$= 49 - 16 = 33$$

03

(1) $x^2 + y^2 = (x - y)^2 + 2xy$
$$= (-3)^2 + 2 \times 5$$
$$= 9 + 10 = 19$$

(2) $(x + y)^2 = (x - y)^2 + 4xy$
$$= (-3)^2 + 4 \times 5$$
$$= 9 + 20 = 29$$

01 (1) $3a(1 + 2b)$ (2) $ab(c - 5)$

(3) $xy(x + 7y)$ (4) $y(3 + x + z)$

(5) $(x - 2)(y - 1)$ (6) $(a + b)(c + d)$

(7) $(a - b)(x - 2y)$ (8) $(x - 1)(y - 3)$

02 (1) $(a + 9)^2$ (2) $\left(a + \dfrac{1}{2}\right)^2$

(3) $(1 + y)^2$ (4) $(3y + 2)^2$

(5) $(a - 3)^2$ (6) $(5 - x)^2$

(7) $(7x - 3)^2$ (8) $\left(\dfrac{1}{4}x - 1\right)^2$

(9) $(2x - 5y)^2$ (10) $6(x + 2)^2$

01

(1) $3a + 6ab = 3a \times 1 + 3a \times 2b$
$$= 3a(1 + 2b)$$

(2) $abc - 5ab = ab \times c + ab \times (-5)$
$$= ab(c - 5)$$

(3) $x^2y + 7xy^2 = xy \times x + xy \times 7y$
$$= xy(x + 7y)$$

(4) $3y + xy + yz = y \times 3 + y \times x + y \times z$
$$= y(3 + x + z)$$

(5) $x(y - 1) - 2(y - 1) = (x - 2)(y - 1)$

(6) $(a + b)c + (a + b)d = (a + b)(c + d)$

(7) $a(x - 2y) + b(2y - x)$
$$= a(x - 2y) - b(x - 2y)$$
$$= (a - b)(x - 2y)$$

(8) $x(y - 3) - y + 3 = x(y - 3) - (y - 3)$
$$= (x - 1)(y - 3)$$

02

(1) $a^2 + 18a + 81 = a^2 + 2 \times a \times 9 + 9^2$
$$= (a + 9)^2$$

(2) $a^2 + a + \dfrac{1}{4} = a^2 + 2 \times a \times \dfrac{1}{2} + \left(\dfrac{1}{2}\right)^2$
$$= \left(a + \dfrac{1}{2}\right)^2$$

(3) $1 + 2y + y^2 = 1^2 + 2 \times 1 \times y + y^2$
$$= (1 + y)^2$$

(4) $9y^2+12y+4=(3y)^2+2\times 3y\times 2+2^2$
$$=(3y+2)^2$$

(5) $a^2-6a+9=a^2-2\times a\times 3+3^2$
$$=(a-3)^2$$

(6) $25-10x+x^2=5^2-2\times 5\times x+x^2$
$$=(5-x)^2$$

(7) $49x^2-42x+9=(7x)^2-2\times 7x\times 3+3^2$
$$=(7x-3)^2$$

(8) $\dfrac{1}{16}x^2-\dfrac{1}{2}x+1$
$$=\left(\dfrac{1}{4}x\right)^2-2\times\dfrac{1}{4}x\times 1+1^2$$
$$=\left(\dfrac{1}{4}x-1\right)^2$$

(9) $4x^2-20xy+25y^2$
$$=(2x)^2-2\times 2x\times 5y+(5y)^2$$
$$=(2x-5y)^2$$

(10) $6x^2+24x+24$
$$=6(x^2+4x+4)$$
$$=6(x^2+2\times x\times 2+2^2)$$
$$=6(x+2)^2$$

14 인수분해 (2)

01 (1) $(x+3)(x-3)$

(2) $(1+7b)(1-7b)$

(3) $(y+5z)(y-5z)$

(4) $\left(3a+\dfrac{1}{2}b\right)\left(3a-\dfrac{1}{2}b\right)$

(5) $\left(\dfrac{2}{3}x+\dfrac{5}{4}y\right)\left(\dfrac{2}{3}x-\dfrac{5}{4}y\right)$

(6) $2(x+4)(x-4)$

02 (1) $(x+2)(x+5)$ (2) $(x-2)(x-4)$

(3) $(x+7y)(x-2y)$

(4) $(x+2y)(x-10y)$

(5) $7(x+2y)(x-y)$

(6) $x(x+1)(x-4)$

03 (1) $(2x+3)(2x+1)$

(2) $(x-1)(3x-2)$

(3) $(2x+5)(2x-3)$

(4) $(2x+1)(3x-4)$

(5) $(2x-3y)(3x+y)$

(6) $(2x-y)(5x+4y)$

01

(1) $x^2-9=x^2-3^2=(x+3)(x-3)$

(2) $1-49b^2=1^2-(7b)^2=(1+7b)(1-7b)$

(3) $y^2-25z^2=y^2-(5z)^2$
$$=(y+5z)(y-5z)$$

(4) $9a^2-\dfrac{1}{4}b^2=(3a)^2-\left(\dfrac{1}{2}b\right)^2$
$$=\left(3a+\dfrac{1}{2}b\right)\left(3a-\dfrac{1}{2}b\right)$$

(5) $\dfrac{4}{9}x^2-\dfrac{25}{16}y^2=\left(\dfrac{2}{3}x\right)^2-\left(\dfrac{5}{4}y\right)^2$
$$=\left(\dfrac{2}{3}x+\dfrac{5}{4}y\right)\left(\dfrac{2}{3}x-\dfrac{5}{4}y\right)$$

(6) $2x^2-32=2(x^2-16)$
$$=2(x^2-4^2)=2(x+4)(x-4)$$

02

(1) $x^2+7x+10=(x+2)(x+5)$

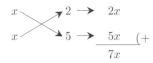
$$7x$$

(2) $x^2-6x+8=(x-2)(x-4)$

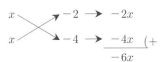
$$-6x$$

(3) $x^2+5xy-14y^2=(x+7y)(x-2y)$

$$5xy$$

(4) $x^2-8xy-20y^2=(x+2y)(x-10y)$

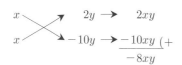

(5) $7x^2 + 7xy - 14y^2 = 7(x^2 + xy - 2y^2)$
$= 7(x+2y)(x-y)$

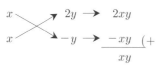

(6) $x^3 - 3x^2 - 4x = x(x^2 - 3x - 4)$
$= x(x+1)(x-4)$

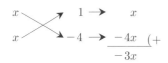

03

(1) $4x^2 + 8x + 3 = (2x+3)(2x+1)$

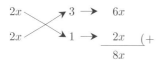

(2) $3x^2 - 5x + 2 = (x-1)(3x-2)$

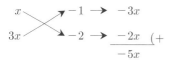

(3) $4x^2 + 4x - 15 = (2x+5)(2x-3)$

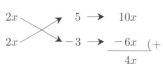

(4) $6x^2 - 5x - 4 = (2x+1)(3x-4)$

2x ╲ ╱ 1 → 3x
3x ╱ ╲ -4 → $\underline{-8x}$ (+
$-5x$

(5) $6x^2 - 7xy - 3y^2 = (2x-3y)(3x+y)$

2x ╲ ╱ -3y → -9xy
3x ╱ ╲ y → $\underline{2xy}$ (+
$-7xy$

(6) $10x^2 + 3xy - 4y^2 = (2x-y)(5x+4y)$

2x ╲ ╱ -y → -5xy
5x ╱ ╲ 4y → $\underline{8xy}$ (+
$3xy$

III 방정식과 부등식

15 일차방정식

01 (1) $x=3$ (2) $x=-4$ (3) $x=1$
(4) $x=-17$ (5) $x=3$ (6) $x=5$
(7) $x=16$ (8) $x=4$

01

(1) $7x - 9 = -2x + 18$에서
$7x + 2x = 18 + 9$
$9x = 27$ ∴ $x=3$

(2) $1 + 10x = -27 + 3x$에서
$10x - 3x = -27 - 1$
$7x = -28$ ∴ $x=-4$

(3) $7x - 3(3x-1) = 1$에서
$7x - 9x + 3 = 1$
$-2x = -2$ ∴ $x=1$

(4) $2(2x+4) = 3(x-3)$에서
$4x + 8 = 3x - 9$ ∴ $x=-17$

(5) $0.9x + 0.5 = 2(0.2x+1)$의 양변에 10을 곱하면
$9x + 5 = 20(0.2x+1)$
$9x + 5 = 4x + 20$
$5x = 15$ ∴ $x=3$

(6) $\dfrac{2x-7}{3} = 1 - \dfrac{5-x}{5}$의 양변에 15를 곱하면
$5(2x-7) = 15 - 3(5-x)$
$10x - 35 = 15 - 15 + 3x$
$7x = 35$ ∴ $x=5$

(7) $(x+2):(2x-5)=2:3$에서

$\quad 3(x+2)=2(2x-5),\ 3x+6=4x-10$

$\quad -x=-16\quad\therefore\ x=16$

(8) $\dfrac{2x-3}{5}=0.2(x+1)$에서

$\quad \dfrac{2x-3}{5}=\dfrac{1}{5}(x+1)$의 양변에 5를 곱하면

$\quad 2x-3=x+1\quad\therefore\ x=4$

16 연립방정식

01 (1) $x=3,\ y=2$　(2) $x=-2,\ y=3$

　　(3) $x=-1,\ y=-3$ (4) $x=2,\ y=-1$

　　(5) $x=-1,\ y=1$　(6) $x=2,\ y=1$

02 (1) $x=-9,\ y=-3$ (2) $x=2,\ y=12$

　　(3) $x=-2,\ y=3$ (4) $x=-4,\ y=4$

　　(5) $x=2,\ y=1$　(6) $x=9,\ y=5$

03 (1) $x=-1,\ y=\dfrac{7}{2}$ (2) $x=-2,\ y=5$

　　(3) $x=2,\ y=2$　(4) $x=4,\ y=0$

　　(5) $x=-3,\ y=\dfrac{1}{2}$ (6) $x=5,\ y=-1$

01

(1) $\begin{cases} 5x+2y=19 & \cdots\cdots ㉠ \\ x+2y=7 & \cdots\cdots ㉡ \end{cases}$

　㉠-㉡을 하면 $4x=12\quad\therefore\ x=3$

　$x=3$을 ㉡에 대입하면 $3+2y=7$

　$\therefore\ y=2$

(2) $\begin{cases} -x+2y=8 & \cdots\cdots ㉠ \\ x+5y=13 & \cdots\cdots ㉡ \end{cases}$

　㉠+㉡을 하면 $7y=21\quad\therefore\ y=3$

　$y=3$을 ㉠에 대입하면 $-x+6=8$

　$\therefore\ x=-2$

(3) $\begin{cases} 2x-y=1 & \cdots\cdots ㉠ \\ 3x+2y=-9 & \cdots\cdots ㉡ \end{cases}$

　㉠×2+㉡을 하면 $7x=-7\quad\therefore\ x=-1$

　$x=-1$을 ㉠에 대입하면 $-2-y=1$

　$\therefore\ y=-3$

(4) $\begin{cases} 3x+5y=1 & \cdots\cdots ㉠ \\ 5x+3y=7 & \cdots\cdots ㉡ \end{cases}$

　㉠×5-㉡×3을 하면 $16y=-16$

　$\therefore\ y=-1$

　$y=-1$을 ㉡에 대입하면 $5x-3=7$

　$\therefore\ x=2$

(5) $\begin{cases} 2x-3y=-5 & \cdots\cdots ㉠ \\ 5x+7y=2 & \cdots\cdots ㉡ \end{cases}$

　㉠×5-㉡×2를 하면 $-29y=-29$

　$\therefore\ y=1$

　$y=1$을 ㉠에 대입하면 $2x-3=-5$

　$\therefore\ x=-1$

(6) $\begin{cases} 3x-2y=4 & \cdots\cdots ㉠ \\ 4x-3y=5 & \cdots\cdots ㉡ \end{cases}$

　㉠×3-㉡×2를 하면 $x=2$

　$x=2$를 ㉠에 대입하면 $6-2y=4$

　$\therefore\ y=1$

02

(1) $\begin{cases} x-2y=-3 & \cdots\cdots ㉠ \\ x=3y & \cdots\cdots ㉡ \end{cases}$

　㉡을 ㉠에 대입하면 $3y-2y=-3$

　$\therefore\ y=-3$

　$y=-3$을 ㉡에 대입하면

　$x=3\times(-3)=-9$

(2) $\begin{cases} y=-3x+18 & \cdots\cdots ㉠ \\ 2x+y=16 & \cdots\cdots ㉡ \end{cases}$

　㉠을 ㉡에 대입하면

　$2x+(-3x+18)=16,\ -x=-2$

　$\therefore\ x=2$

　$x=2$를 ㉠에 대입하면

　$y=-3\times2+18=12$

(3) $\begin{cases} 4x+3y=1 & \cdots\cdots ㉠ \\ -2x+y=7 & \cdots\cdots ㉡ \end{cases}$

　$-2x+y=7$에서 $y=7+2x\ \cdots\cdots ㉢$

　㉢을 ㉠에 대입하면

　$4x+3(7+2x)=1,\ 10x=-20$

　$\therefore\ x=-2$

$x=-2$를 ⓒ에 대입하면

$y=7+2\times(-2)=3$

(4) $\begin{cases} 2x+y=-4 & \cdots\cdots\ \bigcirc \\ 3x+2y=-4 & \cdots\cdots\ \bigcirc \end{cases}$

$2x+y=-4$에서 $y=-4-2x$ $\cdots\cdots$ ⓒ

ⓒ을 ⓒ에 대입하면

$3x+2(-4-2x)=-4,\ -x=4$

$\therefore\ x=-4$

$x=-4$를 ⓒ에 대입하면

$y=-4-2\times(-4)=4$

(5) $\begin{cases} y=-2x+5 & \cdots\cdots\ \bigcirc \\ y=x-1 & \cdots\cdots\ \bigcirc \end{cases}$

㉠을 ㉡에 대입하면

$-2x+5=x-1,\ -3x=-6\quad\therefore\ x=2$

$x=2$를 ㉡에 대입하면 $y=2-1=1$

(6) $\begin{cases} 3x-4y=7 & \cdots\cdots\ \bigcirc \\ x+1=2y & \cdots\cdots\ \bigcirc \end{cases}$

$x+1=2y$에서 $x=2y-1$ $\cdots\cdots$ ⓒ

ⓒ을 ㉠에 대입하면

$3(2y-1)-4y=7,\ 2y=10\quad\therefore\ y=5$

$y=5$를 ⓒ에 대입하면 $x=2\times5-1=9$

03

(1) $\begin{cases} 2(x+y)+3x=2 & \cdots\cdots\ \bigcirc \\ 7x-3(x-2y)=17 & \cdots\cdots\ \bigcirc \end{cases}$

각각의 일차방정식에서 괄호를 풀고 동류항
끼리 정리하여 식을 간단히 하면

$\begin{cases} 5x+2y=2 & \cdots\cdots\ \bigcirc \\ 4x+6y=17 & \cdots\cdots\ \bigcirc \end{cases}$

ⓒ$\times3-$ⓒ을 하면 $11x=-11$

$\therefore\ x=-1$

$x=-1$을 ⓒ에 대입하면

$-5+2y=2,\ 2y=7$

$\therefore\ y=\dfrac{7}{2}$

(2) $\begin{cases} 0.2x+0.5y=2.1 & \cdots\cdots\ \bigcirc \\ x-0.5y=-4.5 & \cdots\cdots\ \bigcirc \end{cases}$

각각의 일차방정식에 10을 곱하면

$\begin{cases} 2x+5y=21 & \cdots\cdots\ \bigcirc \\ 10x-5y=-45 & \cdots\cdots\ \bigcirc \end{cases}$

ⓒ$+$ⓒ을 하면 $12x=-24$ $\quad\therefore\ x=-2$

$x=-2$를 ㉠에 대입하면

$-4+5y=21,\ 5y=25\quad\therefore\ y=5$

(3) $\begin{cases} \dfrac{1}{3}x+\dfrac{1}{4}y=\dfrac{7}{6} & \cdots\cdots\ \bigcirc \\ \dfrac{1}{2}x-\dfrac{1}{3}y=\dfrac{1}{3} & \cdots\cdots\ \bigcirc \end{cases}$

㉠$\times12$를 하면 $4x+3y=14$ $\cdots\cdots$ ⓒ

㉡$\times6$을 하면 $3x-2y=2$ $\cdots\cdots$ ⓒ

ⓒ$\times2+$ⓒ$\times3$을 하면 $17x=34$

$\therefore\ x=2$

$x=2$를 ⓒ에 대입하면

$6-2y=2,\ -2y=-4\quad\therefore\ y=2$

(4) $\begin{cases} 0.5x+0.3y=2 & \cdots\cdots\ \bigcirc \\ \dfrac{2x+1}{3}-y=3 & \cdots\cdots\ \bigcirc \end{cases}$

㉠$\times10$을 하면 $5x+3y=20$ $\cdots\cdots$ ⓒ

㉡$\times3$을 정리하면 $2x-3y=8$ $\cdots\cdots$ ⓒ

ⓒ$+$ⓒ을 하면 $7x=28$ $\quad\therefore\ x=4$

$x=4$를 ⓒ에 대입하면

$8-3y=8,\ -3y=0\quad\therefore\ y=0$

(5) $\begin{cases} \dfrac{x+4}{2}=\dfrac{y+1}{3} & \cdots\cdots\ \bigcirc \\ 3x+1=2(y+x)-3 & \cdots\cdots\ \bigcirc \end{cases}$

㉠$\times6$을 정리하면 $3x-2y=-10$ $\cdots\cdots$ ⓒ

㉡을 괄호를 풀고 정리하면 $x-2y=-4$

$\cdots\cdots$ ⓒ

ⓒ$-$ⓒ을 하면 $2x=-6$ $\quad\therefore\ x=-3$

$x=-3$을 ⓒ에 대입하면

$-3-2y=-4,\ -2y=-1\quad\therefore\ y=\dfrac{1}{2}$

(6) $\begin{cases} x-2y=7 & \cdots\cdots\ \bigcirc \\ 3x+8y=7 & \cdots\cdots\ \bigcirc \end{cases}$

㉠$\times3-$㉡을 하면 $-14y=14$

$\therefore\ y=-1$

$y=-1$을 ㉠에 대입하면 $x+2=7$

$\therefore\ x=5$

01 (1) $x \leq 1$, 해설 참고

  (2) $x < -1$, 해설 참고

  (3) $x > 2$, 해설 참고

  (4) $x \geq 5$, 해설 참고

02 (1) $-1 < x \leq 3$ (2) $x > -2$

  (3) $x = 2$ (4) 해는 없다.

  (5) $-8 \leq x < -5$

  (6) $-3 \leq x < 4$

01

(1) $2x+1 \leq x+2$

  $\therefore x \leq 1$

(2) $3x-(x+2) > 3x-1$

  $3x-x-2 > 3x-1$

  $-x > 1$

  $\therefore x < -1$

(3) $2.4x+1 < 3.6x-1.4$ 의 양변에 10을 곱하면

  $24x+10 < 36x-14$

  $-12x < -24$

  $\therefore x > 2$

(4) $\dfrac{3x+1}{4} \geq 3+\dfrac{x-3}{2}$ 의 양변에 4를 곱하면

  $3x+1 \geq 12+2(x-3)$

  $3x+1 \geq 12+2x-6$

  $3x+1 \geq 2x+6$

  $\therefore x \geq 5$

02

(1) $\begin{cases} 2-10x < 5-7x & \cdots\cdots \text{㉠} \\ -x+15 \geq 6+2x & \cdots\cdots \text{㉡} \end{cases}$

  ㉠에서 $-3x < 3$ $\therefore x > -1$

㉡에서 $-3x \geq -9$ $\therefore x \leq 3$

따라서 연립부등식의 해는 $-1 < x \leq 3$

(2) $\begin{cases} 2x+3 > -1 & \cdots\cdots \text{㉠} \\ 5(x+3) \geq 3x+7 & \cdots\cdots \text{㉡} \end{cases}$

  ㉠에서 $2x > -4$ $\therefore x > -2$

  ㉡에서 $5x+15 \geq 3x+7$, $2x \geq -8$

  $\therefore x \geq -4$

따라서 연립부등식의 해는 $x > -2$

(3) $\begin{cases} 2x+5 \geq 9 & \cdots\cdots \text{㉠} \\ 4x \geq 5x-2 & \cdots\cdots \text{㉡} \end{cases}$

  ㉠에서 $2x \geq 4$ $\therefore x \geq 2$

  ㉡에서 $-x \geq -2$ $\therefore x \leq 2$

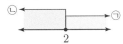

따라서 연립부등식의 해는 $x = 2$

(4) $\begin{cases} x-3 \leq 2x-1 & \cdots\cdots \text{㉠} \\ 4x > 6x+8 & \cdots\cdots \text{㉡} \end{cases}$

  ㉠에서 $-x \leq 2$ $\therefore x \geq -2$

  ㉡에서 $-2x > 8$ $\therefore x < -4$

따라서 연립부등식의 해는 없다.

(5) $\begin{cases} x+1 < \dfrac{x-3}{2} & \cdots\cdots \text{㉠} \\ 0.2(x-2) \geq -2 & \cdots\cdots \text{㉡} \end{cases}$

  ㉠에서 양변에 2를 곱하면

  $2(x+1) < x-3$, $2x+2 < x-3$

  $\therefore x < -5$

  ㉡에서 양변에 10을 곱하면

  $2(x-2) \geq -20$, $2x-4 \geq -20$

  $2x \geq -16$ $\therefore x \geq -8$

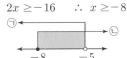

따라서 연립부등식의 해는 $-8 \leq x < -5$

(6) $\begin{cases} 2x-3 < x+1 & \cdots\cdots \ㄱ \\ x+1 \leq 3x+7 & \cdots\cdots \ㄴ \end{cases}$

ㄱ에서 $x < 4$

ㄴ에서 $-2x \leq 6$ $\quad \therefore x \geq -3$

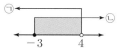

따라서 연립부등식의 해는 $-3 \leq x < 4$

18 이차방정식 (1)

01 (1) $x=0$ 또는 $x=-3$

(2) $x=\dfrac{5}{2}$ 또는 $x=-\dfrac{2}{3}$

(3) $x=-\dfrac{3}{2}$ (중근)

(4) $x=-2$ (중근)

(5) $x=-7$ 또는 $x=-3$

(6) $x=-2$ 또는 $x=6$

(7) $x=-\dfrac{3}{2}$ 또는 $x=2$

(8) $x=-\dfrac{2}{5}$ 또는 $x=1$

02 (1) $x=\pm\dfrac{2}{3}$

(2) $x=-2$ 또는 $x=3$

(3) $x=\dfrac{-1\pm\sqrt{5}}{2}$ (4) $x=\pm\dfrac{\sqrt{5}}{2}$

01

(4) $x^2-1=-4x-5$에서 $x^2+4x+4=0$

$(x+2)^2=0$ $\quad \therefore x=-2$ (중근)

(5) $x(x+10)+21=0$ 에서

$x^2+10x+21=0$

$(x+7)(x+3)=0$

$\therefore x=-7$ 또는 $x=-3$

(6) $(x-4)^2=4(7-x)$에서

$x^2-8x+16=28-4x$

$x^2-4x-12=0$, $(x+2)(x-6)=0$

$\therefore x=-2$ 또는 $x=6$

(7) $x^2-0.5x-3=0$의 양변에 2를 곱하면

$2x^2-x-6=0$, $(2x+3)(x-2)=0$

$\therefore x=-\dfrac{3}{2}$ 또는 $x=2$

(8) $\dfrac{1}{2}x^2-0.3x-\dfrac{1}{5}=0$ 의 양변에 10을 곱하면

$5x^2-3x-2=0$, $(5x+2)(x-1)=0$

$\therefore x=-\dfrac{2}{5}$ 또는 $x=1$

02

(1) $9x^2+3=7$에서 $9x^2=4$

$x^2=\dfrac{4}{9}$ $\quad \therefore x=\pm\sqrt{\dfrac{4}{9}}=\pm\dfrac{2}{3}$

(2) $\left(x-\dfrac{1}{2}\right)^2=\dfrac{25}{4}$에서 $x-\dfrac{1}{2}=\pm\dfrac{5}{2}$

$\therefore x=-2$ 또는 $x=3$

(3) $(2x+1)^2-5=0$에서 $(2x+1)^2=5$

$2x+1=\pm\sqrt{5}$, $2x=-1\pm\sqrt{5}$

$\therefore x=\dfrac{-1\pm\sqrt{5}}{2}$

(4) $4x^2+4x-25=4(x-5)$에서

$4x^2+4x-25=4x-20$, $4x^2=5$

$x^2=\dfrac{5}{4}$ $\quad \therefore x=\pm\sqrt{\dfrac{5}{4}}=\pm\dfrac{\sqrt{5}}{2}$

19 이차방정식 (2)

01 (1) $x=\dfrac{1\pm\sqrt{5}}{2}$ (2) $x=1\pm\dfrac{\sqrt{2}}{2}$

(3) $x=1\pm\sqrt{3}$ (4) $x=\dfrac{7\pm\sqrt{13}}{6}$

(5) $x=\dfrac{-2\pm\sqrt{7}}{3}$

(6) $x=-2\pm\dfrac{\sqrt{22}}{2}$

02 (1) ① -1 ② -1 ③ 3

(2) ① $\dfrac{1}{2}$ ② -2 ③ $\dfrac{17}{4}$

(3) ① -6 ② 0 ③ 36

01

(1) $x^2 - x - 1 = 0$에서 근의 공식에 의해

$$x = \dfrac{-(-1) \pm \sqrt{(-1)^2 - 4 \times 1 \times (-1)}}{2 \times 1}$$

$$= \dfrac{1 \pm \sqrt{5}}{2}$$

(2) $2x^2 - 4x + 1 = 0$에서 짝수 공식에 의해

$$x = \dfrac{-(-2) \pm \sqrt{(-2)^2 - 2 \times 1}}{2}$$

$$= \dfrac{2 \pm \sqrt{2}}{2} = 1 \pm \dfrac{\sqrt{2}}{2}$$

(3) $(x-2)(x-3) = 8 - 3x$에서

$x^2 - 5x + 6 = 8 - 3x$, $x^2 - 2x - 2 = 0$

$\therefore\ x = -(-1) \pm \sqrt{(-1)^2 - 1 \times (-2)}$

$\qquad = 1 \pm \sqrt{3}$

(4) $x^2 - 1 = \dfrac{7x - 6}{3}$의 양변에 3을 곱하면

$3(x^2 - 1) = 7x - 6$, $3x^2 - 3 = 7x - 6$

$3x^2 - 7x + 3 = 0$

$\therefore\ x = \dfrac{-(-7) \pm \sqrt{(-7)^2 - 4 \times 3 \times 3}}{2 \times 3}$

$\qquad = \dfrac{7 \pm \sqrt{13}}{6}$

(5) $0.3x^2 + 0.4x - 0.1 = 0$의 양변에 10을 곱하면

$3x^2 + 4x - 1 = 0$

$\therefore\ x = \dfrac{-2 \pm \sqrt{2^2 - 3 \times (-1)}}{3}$

$\qquad = \dfrac{-2 \pm \sqrt{7}}{3}$

(6) $0.2x^2 + \dfrac{4}{5}x - 0.3 = 0$ 의 양변에 10을 곱하면

$2x^2 + 8x - 3 = 0$

$\therefore\ x = \dfrac{-4 \pm \sqrt{4^2 - 2 \times (-3)}}{2}$

$$= \dfrac{-4 \pm \sqrt{22}}{2} = -2 \pm \dfrac{\sqrt{22}}{2}$$

02

(1) ① $\alpha + \beta = -\dfrac{1}{1} = -1$

② $\alpha\beta = \dfrac{-1}{1} = -1$

③ $\alpha^2 + \beta^2 = (\alpha + \beta)^2 - 2\alpha\beta$

$\qquad = (-1)^2 - 2 \times (-1) = 3$

(2) $(x+1)(2x-3) = 1$에서 $2x^2 - x - 3 = 1$

$2x^2 - x - 4 = 0$

① $\alpha + \beta = -\dfrac{-1}{2} = \dfrac{1}{2}$

② $\alpha\beta = \dfrac{-4}{2} = -2$

③ $\alpha^2 + \beta^2 = (\alpha + \beta)^2 - 2\alpha\beta$

$\qquad = \left(\dfrac{1}{2}\right)^2 - 2 \times (-2) = \dfrac{17}{4}$

(3) $0.1x^2 + 0.6x = 0$의 양변에 10을 곱하면

$x^2 + 6x = 0$

① $\alpha + \beta = -\dfrac{6}{1} = -6$

② $\alpha\beta = \dfrac{0}{1} = 0$

③ $\alpha^2 + \beta^2 = (\alpha + \beta)^2 - 2\alpha\beta$

$\qquad = (-6)^2 - 2 \times 0 = 36$

20 방정식과 부등식의 활용 (1)

01 26년   02 28 03 5명   04 8개

05 11권   06 11명   07 9명

01

x년 후에 아버지의 나이가 아들의 나이의 2배가 된다고 하면

$50 + x = 2(12 + x)$

$50 + x = 24 + 2x$ $\therefore\ x = 26$

따라서 아버지의 나이가 아들의 나이의 2배가 되는 것은 26년 후이다.

02

처음 수의 십의 자리의 숫자를 x라 하면

$80 + x = 3(10x + 8) - 2$

$80 + x = 30x + 24 - 2$

$-29x = -58$ $\therefore$ $x = 2$

따라서 처음 수는 28이다.

03

어른을 x명, 어린이를 y명이라 하면

$\begin{cases} x + y = 9 \\ 1200x + 900y = 9600 \end{cases}$

즉 $\begin{cases} x + y = 9 & \cdots\cdots \text{㉠} \\ 4x + 3y = 32 & \cdots\cdots \text{㉡} \end{cases}$

㉡$-$㉠$\times 3$을 하면 $x = 5$

따라서 어른은 5명이다.

04

배를 x개 산다고 하면 사과를 $(20 - x)$개 살 수 있으므로

$1200x + 800(20 - x) + 2500 \leq 22000$

$1200x + 16000 - 800x + 2500 \leq 22000$

$400x \leq 3500$ $\therefore$ $x \leq \dfrac{35}{4} = 8.75$

따라서 배는 최대 8개까지 살 수 있다.

05

공책을 x권 산다고 하면

$800x > 600x + 2000$, $200x > 2000$

$\therefore$ $x > 10$

따라서 공책을 11권 이상 살 경우 할인 매장에서 사는 것이 유리하다.

06

학생 수를 x라 하면 공책의 권수는 $3x + 24$이므로

$5x + 1 \leq 3x + 24 < 5x + 4$

즉 $\begin{cases} 5x + 1 \leq 3x + 24 & \cdots\cdots \text{㉠} \\ 3x + 24 < 5x + 4 & \cdots\cdots \text{㉡} \end{cases}$

㉠에서 $2x \leq 23$ $\therefore$ $x \leq \dfrac{23}{2}$

㉡에서 $-2x < -20$ $\therefore$ $x > 10$

$\therefore$ $10 < x \leq \dfrac{23}{2}$

따라서 학생은 11명이다.

07

탐험 대원을 x명이라 하자.

$\dfrac{36}{x} = x - 5$, $x(x - 5) = 36$,

$x^2 - 5x - 36 = 0$

$(x - 9)(x + 4) = 0$ $\therefore$ $x = 9$ ($\because$ $x > 0$)

따라서 탐험 대원은 9명이다.

21 방정식과 부등식의 활용 (2)

01 11000원 **02** 7700원 **03** 10000원

04 18000원 **05** 10000원 **06** 50000원

01

티셔츠의 원가를 x원이라 하면

$(\text{정가}) = x\left(1 + \dfrac{10}{100}\right) = \dfrac{11}{10}x \, (\text{원})$

$(\text{판매 가격}) = \dfrac{11}{10}x - 400 \, (\text{원})$

이때 이익이 700원이므로

$\left(\dfrac{11}{10}x - 400\right) - x = 700$

$\dfrac{1}{10}x = 1100$ $\therefore$ $x = 11000$

따라서 티셔츠의 원가는 11000원이다.

02

상품의 원가를 x원이라 하면

$(\text{정가}) = x\left(1 + \dfrac{4}{100}\right) = \dfrac{26}{25}x \, (\text{원})$

$(\text{판매 가격}) = \dfrac{26}{25}x - 100 \, (\text{원})$

이때 이익이 200원이므로

$\left(\dfrac{26}{25}x - 100\right) - x = 200$

$\dfrac{1}{25}x = 300$ $\therefore$ $x = 7500$

따라서 상품의 판매 가격은

$$\frac{26}{25} \times 7500 - 100 = 7700\,(원)$$

03

물건의 원가를 x원이라 하면

$$(정가) = x\left(1 + \frac{20}{100}\right) = \frac{6}{5}x\,(원)$$

$$(판매 가격) = \frac{6}{5}x - 1000\,(원)$$

이때 이익이 $\frac{1}{10}x$원이므로

$$\left(\frac{6}{5}x - 1000\right) - x = \frac{1}{10}x$$

$$\frac{1}{5}x - 1000 = \frac{1}{10}x$$

양변에 분모의 최소공배수 10을 곱하면
$$2x - 10000 = x \qquad \therefore \ x = 10000$$
따라서 물건의 원가는 10000원이다.

04

A 상품의 원가를 x 원, B 상품의 원가를 y 원이라 하면

$$\begin{cases} x + y = 20000 \\ \dfrac{20}{100}x - \dfrac{30}{100}y = 3000 \end{cases}$$

즉 $\begin{cases} x + y = 20000 & \cdots\cdots \ \text{㉠} \\ 2x - 3y = 30000 & \cdots\cdots \ \text{㉡} \end{cases}$

㉠$\times 2 -$㉡을 하면 $5y = 10000$

$$\therefore \ y = 2000$$

$y = 2000$을 ㉠에 대입하면 $x + 2000 = 20000$

$$\therefore \ x = 18000$$

따라서 A상품의 원가는 18000원이다.

05

필통의 정가를 x 원이라 하면

$$(판매 가격) = x\left(1 - \frac{40}{100}\right) = \frac{3}{5}x\,(원)$$

이때 이익이 $5000 \times \dfrac{20}{100} = 1000\,(원)$ 이상이어야 하므로

$$\frac{3}{5}x - 5000 \geq 1000$$

$$\frac{3}{5}x \geq 6000 \qquad \therefore \ x \geq 10000$$

따라서 정가의 최솟값은 10000원이다.

06

물건의 원가를 x 원이라 하면

$$(정가) = x(1 + 0.4) = 1.4x\,(원)$$

$$(할인가) = 1.4x \times \left(1 - \frac{20}{100}\right) = 1.12x\,(원)$$

$$1.12x - x \geq 6000$$

$$0.12x \geq 6000 \qquad \therefore \ x \geq 50000$$

따라서 원가의 최솟값은 50000원이다.

---

22 **방정식과 부등식의 활용** (3)

01 8 km   **02** 5 분   **03** 20분
04 5 km   **05** 5 km

01

걸은 거리를 $x\,\mathrm{km}$ 라 하면 달린 거리는
$(12 - x)\,\mathrm{km}$ 이다.

2시간 40분은 $2\dfrac{40}{60} = \dfrac{8}{3}$ (시간)이므로

$$\frac{x}{4} + \frac{12 - x}{6} = \frac{8}{3}$$

양변에 분모의 최소공배수 12를 곱하면
$$3x + 2(12 - x) = 32, \ 3x + 24 - 2x = 32$$
$$\therefore \ x = 8$$
따라서 걸은 거리는 8 km 이다.

02

동생이 출발한 지 x시간 후에 만난다고 하면

형이 $\left(\dfrac{1}{3} + x\right)$시간 동안 간 거리와 동생이 x시간 동안 간 거리가 같으므로

$$4 \times \left(\frac{1}{3} + x\right) = 20x$$

$$\frac{4}{3} + 4x = 20x, \ -16x = -\frac{4}{3} \qquad \therefore \ x = \frac{1}{12}$$

$\dfrac{1}{12}$ 시간은 $\dfrac{1}{12} \times 60 = 5$(분)이므로

동생이 출발한 지 5분 후에 형과 만난다.

03

두 사람이 출발한 지 x분 후에 만난다고 하면 x 분 동안 영은이가 걸은 거리는 $55x\,\mathrm{m}$, 지영이가 걸은 거리는 $45x\,\mathrm{m}$이다.

두 사람이 걸은 거리의 합은 운동장의 둘레의 길이인 $2000\,\mathrm{m}\,(=2\,\mathrm{km})$이므로

$55x + 45x = 2000$, $100x = 2000$

$\therefore \ x = 20$

따라서 두 사람은 출발한 지 20분 후에 만난다.

04

올라간 거리를 $x\,\mathrm{km}$, 내려온 거리를 $y\,\mathrm{km}$라 하면

$$\begin{cases} x + y = 11 \\ \dfrac{x}{3} + \dfrac{y}{4} = \dfrac{19}{6} \end{cases}$$

즉 $\begin{cases} x + y = 11 & \cdots\cdots \text{㉠} \\ 4x + 3y = 38 & \cdots\cdots \text{㉡} \end{cases}$

㉡ $-$ ㉠ $\times 3$을 하면 $x = 5$

따라서 올라간 거리는 $5\,\mathrm{km}$이다.

05

시속 $5\,\mathrm{km}$로 달린 거리를 $x\,\mathrm{km}$라 하면 시속 $3\,\mathrm{km}$로 걸은 거리는 $(8-x)\,\mathrm{km}$이므로

$\dfrac{x}{5} + \dfrac{8-x}{3} \le 2$

양변에 분모의 최소공배수 15를 곱하면

$3x + 5(8-x) \le 30$, $3x + 40 - 5x \le 30$,

$-2x \le -10$ $\therefore \ x \ge 5$

따라서 시속 $5\,\mathrm{km}$로 달린 거리는 $5\,\mathrm{km}$ 이상이다.

23 방정식과 부등식의 활용 (4)

23 방정식과 부등식의 활용 (4)

01 10   **02** $80\,\mathrm{g}$

03 5%의 소금물 $200\,\mathrm{g}$

     8%의 소금물 $400\,\mathrm{g}$

04 23%   **05** $300\,\mathrm{g}$

06 $150\,\mathrm{g}$ 이상 $400\,\mathrm{g}$ 이하

01

8%인 소금물의 양은 $150 + 300 = 450\,(\mathrm{g})$이므로

$\dfrac{4}{100} \times 150 + \dfrac{x}{100} \times 300 = \dfrac{8}{100} \times 450$

$600 + 300x = 3600$, $300x = 3000$

$\therefore \ x = 10$

02

10%의 소금물을 $x\,\mathrm{g}$이라 하면

15%의 소금물은 $(200-x)\,\mathrm{g}$이므로

$\dfrac{10}{100} \times x + \dfrac{15}{100} \times (200-x) = \dfrac{13}{100} \times 200$

$10x + 3000 - 15x = 2600$

$-5x = -400$ $\therefore \ x = 80$

따라서 10%의 소금물 $80\,\mathrm{g}$을 섞어야 한다.

03

5%의 소금물을 $x\,\mathrm{g}$, 8%의 소금물을 $y\,\mathrm{g}$이라 하면

$$\begin{cases} x + y = 600 \\ \dfrac{5}{100}x + \dfrac{8}{100}y = \dfrac{7}{100} \times 600 \end{cases}$$

즉 $\begin{cases} x + y = 600 & \cdots\cdots \text{㉠} \\ 5x + 8y = 4200 & \cdots\cdots \text{㉡} \end{cases}$

㉡ $-$ ㉠ $\times 5$를 하면 $3y = 1200$ $\therefore \ y = 400$

$y = 400$을 ㉠에 대입하면

$x + 400 = 600$ $\therefore \ x = 200$

따라서 5%의 소금물 $200\,\mathrm{g}$, 8%의 소금물 $400\,\mathrm{g}$을 섞었다.

04

소금물 A의 농도를 $x\,\%$, 소금물 B의 농도를 $y\,\%$라 하면

정답 및 해설 | 23

$$\begin{cases} \dfrac{x}{100}\times 100+\dfrac{y}{100}\times 300=\dfrac{20}{100}\times 400 \\ \dfrac{x}{100}\times 300+\dfrac{y}{100}\times 100=\dfrac{14}{100}\times 400 \end{cases}$$

즉 $\begin{cases} x+3y=80 \quad\cdots\cdots\; \text{㉠} \\ 3x+y=56 \quad\cdots\cdots\; \text{㉡} \end{cases}$

㉡ $\times 3-$㉠을 하면 $8x=88$ $\quad \therefore\; x=11$

$x=11$을 ㉡에 대입하면

$33+y=56$ $\quad \therefore\; y=23$

따라서 소금물 B의 농도는 23%이다.

05

10%의 소금물을 $x\,\text{g}$ 섞는다고 하면

$$\dfrac{6}{100}\times 300+\dfrac{10}{100}\times x \geq \dfrac{8}{100}\times (300+x)$$

$1800+10x \geq 2400+8x,\ 2x \geq 600$

$\therefore\; x \geq 300$

따라서 10%의 소금물은 $300\,\text{g}$ 이상 섞어야 한다.

06

10%의 소금물을 $x\,\text{g}$ 섞는다고 하면

$$\dfrac{6}{100}\times (600+x) \leq \dfrac{5}{100}\times 600+\dfrac{10}{100}\times x$$

$$\leq \dfrac{7}{100}\times (600+x)$$

즉 $\begin{cases} 6(600+x) \leq 3000+10x \quad\cdots\cdots\; \text{㉠} \\ 3000+10x \leq 7(600+x) \quad\cdots\cdots\; \text{㉡} \end{cases}$

㉠에서 $3600+6x \leq 3000+10x,\ -4x \leq -600$

$\therefore\; x \geq 150$

㉡에서 $3000+10x \leq 4200+7x,\ 3x \leq 1200$

$\therefore\; x \leq 400$

$\therefore\; 150 \leq x \leq 400$

따라서 10%의 소금물을 $150\,\text{g}$ 이상 $400\,\text{g}$ 이하로 섞어야 한다.

Ⅳ 함수

24 정비례

01 (1) $y=-3x$ (2) $y=\dfrac{1}{6}x$

02 해설 참고

03 (1) $-\dfrac{1}{3}$ (2) 3 (3) $\dfrac{1}{21}$

04 (1) $\dfrac{2}{3}$ (2) -3

01

(1) y가 x에 정비례하므로 $y=ax$라 하고

 $x=3,\ y=-9$를 대입하면

 $-9=3a$ $\quad \therefore\; a=-3$, 즉 $y=-3x$

(2) y가 x에 정비례하므로 $y=ax$라 하고

 $x=-12,\ y=-2$를 대입하면

 $-2=-12a$ $\quad \therefore\; a=\dfrac{1}{6}$, 즉 $y=\dfrac{1}{6}x$

02

(1)

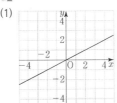

(2)

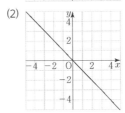

03

(1) $x=a,\ y=-1$을 $y=3x$에 대입하면

 $-1=3\times a$ $\quad \therefore\; a=-\dfrac{1}{3}$

(2) $x=-4,\ y=a$를 $y=-\dfrac{3}{4}x$에 대입하면

$$a = -\frac{3}{4} \times (-4) = 3$$

(3) $x = 7$, $y = \frac{1}{3}$을 $y = ax$에 대입하면

$$\frac{1}{3} = 7a \qquad \therefore \ a = \frac{1}{21}$$

04

(1) 점 $(3, 2)$를 지나므로 $x = 3$, $y = 2$를
$y = ax$에 대입하면

$$2 = 3a \qquad \therefore \ a = \frac{2}{3}$$

(2) 점 $(-2, 6)$을 지나므로 $x = -2$, $y = 6$을
$y = ax$에 대입하면

$$6 = -2a \qquad \therefore \ a = -3$$

25 반비례

01 (1) $y = -\dfrac{15}{x}$ (2) $y = \dfrac{8}{x}$

02 해설 참고

03 (1) $-\dfrac{4}{3}$ (2) -4 (3) 3

04 (1) 12 (2) -8

01

(1) y가 x에 반비례하므로 $y = \dfrac{a}{x}$라 하고
$x = 5$, $y = -3$을 대입하면

$$-3 = \frac{a}{5} \qquad \therefore \ a = -15, \ \text{즉} \ y = -\frac{15}{x}$$

(2) y가 x에 반비례하므로 $y = \dfrac{a}{x}$라 하고
$x = -2$, $y = -4$를 대입하면

$$-4 = \frac{a}{-2} \qquad \therefore \ a = 8, \ \text{즉} \ y = \frac{8}{x}$$

02

(1)

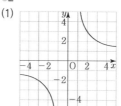

(2)

03

(1) $x = a$, $y = -6$을 $y = \dfrac{8}{x}$에 대입하면

$$-6 = \frac{8}{a} \qquad \therefore \ a = -\frac{4}{3}$$

(2) $x = -5$, $y = a$를 $y = \dfrac{20}{x}$에 대입하면

$$a = \frac{20}{-5} = -4$$

(3) $x = -\dfrac{3}{4}$, $y = -4$를 $y = \dfrac{a}{x}$에 대입하면

$$-4 = a \div \left(-\frac{3}{4}\right)$$

$$\therefore \ a = -4 \times \left(-\frac{3}{4}\right) = 3$$

04

(1) 점 $(-4, -3)$을 지나므로
$x = -4$, $y = -3$을 $y = \dfrac{a}{x}$에 대입하면

$$-3 = \frac{a}{-4} \qquad \therefore \ a = 12$$

(2) 점 $(4, -2)$를 지나므로
$x = 4$, $y = -2$를 $y = \dfrac{a}{x}$에 대입하면

$$-2 = \frac{a}{4} \qquad \therefore \ a = -8$$

01 (1) -4　　(2) 5　　(3) -7

　　(4) -3　　(5) 9

02 (1) ㉠ 4　㉡ 2　㉢ -1　㉣ -3

　　(2) ㉠ $y=3x+4$　㉡ $y=3x+2$

　　　㉢ $y=3x-1$　㉣ $y=3x-3$

03 (1) $y=-4x+5$　　(2) $y=\dfrac{3}{5}x-4$

　　(3) $y=-3x+\dfrac{8}{3}$　　(4) $y=2x+3$

04 (1) 4　　(2) -5　　(3) $-\dfrac{1}{2}$

01

(1) $f(0)=3\times0-4=-4$

(2) $f(3)=3\times3-4=5$

(3) $f(-1)=3\times(-1)-4=-7$

(4) $f\left(\dfrac{1}{3}\right)=3\times\dfrac{1}{3}-4=-3$

(5) $f(1)=3\times1-4=-1$

　　$f(-2)=3\times(-2)-4=-10$

　　$\therefore\ f(1)-f(-2)=-1-(-10)=9$

03

(1) $y=-4x$의 그래프를 y축의 방향으로 5만큼
　　평행이동한 그래프의 식은 $y=-4x+5$

(2) $y=\dfrac{3}{5}x$의 그래프를 y축의 방향으로 -4만

　　큼 평행이동한 그래프의 식은 $y=\dfrac{3}{5}x-4$

(3) $y=-3x+2$의 그래프를 y축의 방향으로

　　$\dfrac{2}{3}$만큼 평행이동한 그래프의 식은

　　$y=-3x+2+\dfrac{2}{3}$, 즉 $y=-3x+\dfrac{8}{3}$

(4) $y=2(x+2)$의 그래프를 y축의 방향으로
　　-1만큼 평행이동한 그래프의 식은
　　$y=2(x+2)-1$, 즉 $y=2x+3$

04

(1) $x=1$, $y=1$을 $y=ax-3$에 대입하면

$1=a-3$　　$\therefore\ a=4$

(2) $x=-4$, $y=-2$를 $y=-\dfrac{3}{4}x+a$에 대입하면

　　$-2=-\dfrac{3}{4}\times(-4)+a$　　$\therefore\ a=-5$

(3) $x=a$, $y=3$을 $y=-2x+2$에 대입하면

　　$3=-2a+2$, $2a=-1$　　$\therefore\ a=-\dfrac{1}{2}$

01 해설 참고

02 (1) x절편 : 5, y절편 : 5

　　(2) x절편 : $-\dfrac{1}{2}$, y절편 : 2

　　(3) x절편 : $-\dfrac{10}{3}$, y절편 : -2

　　(4) x절편 : $\dfrac{1}{6}$, y절편 : $-\dfrac{1}{4}$

03 (1) $\dfrac{1}{2}$　　(2) -2

04 (1) 2　　(2) -14

05 (1) 2　　(2) $-\dfrac{3}{2}$

01

(1)	(2)	(3)
$(-3,\ 0)$	$(3,\ 0)$	$(2,\ 0)$
-3	3	2
$(0,\ 2)$	$(0,\ -3)$	$(0,\ 3)$
2	-3	3

02

(1) $y=0$을 $y=-x+5$에 대입하면

　　$0=-x+5$　　$\therefore\ x=5$

　　따라서 x절편은 5이다.

　　$x=0$을 $y=-x+5$에 대입하면

　　$y=0+5$　　$\therefore\ y=5$

　　따라서 y절편은 5이다.

(2) $y=0$을 $y=4x+2$에 대입하면

$$0=4x+2, \ -4x=2 \quad \therefore \ x=-\frac{1}{2}$$

따라서 x절편은 $-\frac{1}{2}$이다.

$x=0$을 $y=4x+2$에 대입하면

$y=4\times 0+2 \quad \therefore \ y=2$

따라서 y절편은 2이다.

(3) $y=0$을 $y=-\frac{3}{5}x-2$에 대입하면

$$0=-\frac{3}{5}x-2, \ \frac{3}{5}x=-2 \quad \therefore \ x=-\frac{10}{3}$$

따라서 x절편은 $-\frac{10}{3}$이다.

$x=0$을 $y=-\frac{3}{5}x-2$에 대입하면

$$y=-\frac{3}{5}\times 0-2 \quad \therefore \ y=-2$$

따라서 y절편은 -2이다.

(4) $y=0$을 $y=\frac{3}{2}x-\frac{1}{4}$에 대입하면

$$0=\frac{3}{2}x-\frac{1}{4}, \ -\frac{3}{2}x=-\frac{1}{4} \quad \therefore \ x=\frac{1}{6}$$

따라서 x절편은 $\frac{1}{6}$이다.

$x=0$을 $y=\frac{3}{2}x-\frac{1}{4}$에 대입하면

$$y=\frac{3}{2}\times 0-\frac{1}{4} \quad \therefore \ y=-\frac{1}{4}$$

따라서 y절편은 $-\frac{1}{4}$이다.

03

(1) x의 값이 0에서 2로 2만큼 증가할 때, y의 값은 -1에서 0으로 1만큼 증가하므로

$$(기울기)=\frac{(y의\ 값의\ 증가량)}{(x의\ 값의\ 증가량)}=\frac{1}{2}$$

(2) x의 값이 -1에서 0으로 1만큼 증가할 때, y의 값은 0에서 -2로 -2만큼 증가하므로

$$(기울기)=\frac{(y의\ 값의\ 증가량)}{(x의\ 값의\ 증가량)}$$
$$=\frac{-2}{1}=-2$$

04

(1) $(기울기)=\dfrac{(y의\ 값의\ 증가량)}{6}=\dfrac{1}{3}$

$\therefore \ (y의\ 값의\ 증가량)=2$

(2) $(기울기)=\dfrac{(y의\ 값의\ 증가량)}{6-(-1)}=-2$

$\therefore \ (y의\ 값의\ 증가량)=-14$

05

(1) $(기울기)=\dfrac{5-(-5)}{3-(-2)}=\dfrac{10}{5}=2$

(2) $(기울기)=\dfrac{-1-5}{5-1}=\dfrac{-6}{4}=-\dfrac{3}{2}$

28 일차함수와 일차방정식의 관계 (1)

01 (1) $y=2x+3$ (2) $y=-\dfrac{1}{3}x+2$

     (3) $y=\dfrac{3}{2}x-\dfrac{1}{2}$ (4) $y=-2x-\dfrac{3}{4}$

02 해설 참고

03 (1) $x=-3$ (2) $y=1$

04 (1) $y=-3$ (2) $x=-1$

     (3) $x=3$ (4) $y=-4$

05 (1) $x=-2, \ y=-3$ (2) $x=2, \ y=1$

06 (1) $a=1, \ b=-3$ (2) $a=6, \ b=2$

     (3) $a=-4, \ b=18$

01

(1) $2x-y+3=0$에서 $-y=-2x-3$

$\therefore \ y=2x+3$

(2) $x+3y-6=0$에서 $3y=-x+6$

$\therefore \ y=-\dfrac{1}{3}x+2$

(3) $-3x+2y+1=0$에서 $2y=3x-1$

$\therefore \ y=\dfrac{3}{2}x-\dfrac{1}{2}$

(4) $-8x-4y-3=0$에서 $-4y=8x+3$

$\therefore \ y=-2x-\dfrac{3}{4}$

02

(1) $x-3y-3=0$에서 $3y=x-3$

$\therefore \ y=\dfrac{1}{3}x-1$

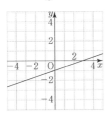

(2) $-2x-3y+6=0$에서 $3y=-2x+6$

$\therefore \ y=-\dfrac{2}{3}x+2$

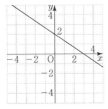

03

(1) 점 $(-3, \ 0)$을 지나고 y축에 평행한 직선이
므로 직선의 방정식은 $x=-3$

(2) 점 $(0, \ 1)$을 지나고 x축에 평행한 직선이므
로 직선의 방정식은 $y=1$

04

(1) x축에 평행하므로 $y=q$의 꼴이다.

$\quad \therefore \ y=-3$

(2) y축에 평행하므로 $x=p$의 꼴이다.

$\quad \therefore \ x=-1$

(3) x축에 수직이므로 $x=p$의 꼴이다.

$\quad \therefore \ x=3$

(4) y축에 수직하므로 $y=q$의 꼴이다.

$\quad \therefore \ y=-4$

05

(1) 두 일차방정식의 그래프가 만나는 점의 좌표
가 $(-2, \ -3)$이므로

연립방정식의 해는 $x=-2, \ y=-3$

(2) 두 일차방정식의 그래프가 만나는 점의 좌표

가 $(2, \ 1)$이므로

연립방정식의 해는 $x=2, \ y=1$

06

(1) 교점의 좌표가 $(3, \ 1)$이므로

$x=3, \ y=1$을 대입하면

$3a+3=6 \quad \therefore \ a=1$

$6+b=3 \quad \therefore \ b=-3$

(2) 교점의 좌표가 $(-2, \ 2)$이므로

$x=-2, \ y=2$를 대입하면

$-2-4=-a \quad \therefore \ a=6$

$-2b+2=-2 \quad \therefore \ b=2$

(3) 교점의 좌표가 $(-4, \ -3)$이므로

$x=-4, \ y=-3$을 대입하면

$-4-3a=8 \quad \therefore \ a=-4$

$-12-6=-b \quad \therefore \ b=18$

---

29 일차함수와 일차방정식의 관계 (2)

01 (1) $y=4x-1$ (2) $y=-\dfrac{3}{2}x+4$

(3) $y=2x-3$

02 (1) $y=3x-7$ (2) $y=-\dfrac{1}{4}x+4$

(3) $y=\dfrac{2}{3}x+\dfrac{1}{3}$

03 (1) $y=-\dfrac{3}{2}x+6$ (2) $y=\dfrac{1}{2}x+1$

(3) $y=-x-5$

04 (1) $y=-x+2$ (2) $y=\dfrac{1}{2}x+4$

05 (1) $y=-8x+9$ (2) $y=x-8$

(3) $y=\dfrac{2}{3}x-\dfrac{5}{3}$ (4) $y=-\dfrac{1}{3}x-3$

06 (1) $y=-2x-3$ (2) $y=\dfrac{3}{2}x-1$

01

(2) 점 $(0, \ 4)$를 지나므로 y절편이 4이다.

$\quad \therefore \ y=-\dfrac{3}{2}x+4$

(3) x의 값이 2만큼 증가할 때, y의 값이 4만큼
증가하므로

$$(기울기)=\frac{(y의\ 값의\ 증가량)}{(x의\ 값의\ 증가량)}=\frac{4}{2}=2$$

$$\therefore\ y=2x-3$$

02

(1) $y=3x+b$로 놓고 $x=2$, $y=-1$을 대입하면

$$-1=3\times2+b$$

$$\therefore\ b=-7,\ 즉\ y=3x-7$$

(2) $y=-\dfrac{1}{4}x+b$로 놓고 $x=4$, $y=3$을 대입
하면

$$3=-\frac{1}{4}\times4+b$$

$$\therefore\ b=4,\ 즉\ y=-\frac{1}{4}x+4$$

(3) $(기울기)=\dfrac{(y의\ 값의\ 증가량)}{(x의\ 값의\ 증가량)}=\dfrac{2}{3}$이므로

$y=\dfrac{2}{3}x+b$로 놓고 $x=1$, $y=1$을 대입하면

$$1=\frac{2}{3}\times1+b$$

$$\therefore\ b=\frac{1}{3},\ 즉\ y=\frac{2}{3}x+\frac{1}{3}$$

03

(1) $(기울기)=-\dfrac{6}{4}=-\dfrac{3}{2}$이고 y절편이 6이므로

$$y=-\frac{3}{2}x+6$$

(2) x절편이 -2, y절편이 1이므로

$$(기울기)=-\frac{1}{-2}=\frac{1}{2}\qquad\therefore\ y=\frac{1}{2}x+1$$

(3) x절편이 -5, y절편이 -5이므로

$$(기울기)=-\frac{-5}{-5}=-1\qquad\therefore\ y=-x-5$$

04

(1) x절편이 2, y절편이 2이므로

$$(기울기)=-\frac{2}{2}=-1\qquad\therefore\ y=-x+2$$

(2) x절편이 -8, y절편이 4이므로

$$(기울기)=-\frac{4}{-8}=\frac{1}{2}\qquad\therefore\ y=\frac{1}{2}x+4$$

05

(1) $(기울기)=\dfrac{-7-1}{2-1}=-8$

$y=-8x+b$로 놓고 $x=1$, $y=1$을 대입하면

$$1=-8\times1+b$$

$$\therefore\ b=9,\ 즉\ y=-8x+9$$

(2) $(기울기)=\dfrac{-3-(-10)}{5-(-2)}=1$

$y=x+b$로 놓고 $x=5$, $y=-3$을 대입하면

$$-3=5+b$$

$$\therefore\ b=-8,\ 즉\ y=x-8$$

(3) $(기울기)=\dfrac{-3-(-1)}{-2-1}=\dfrac{2}{3}$

$y=\dfrac{2}{3}x+b$로 놓고 $x=1$, $y=-1$을 대입
하면

$$-1=\frac{2}{3}\times1+b$$

$$\therefore\ b=-\frac{5}{3},\ 즉\ y=\frac{2}{3}x-\frac{5}{3}$$

(4) $(기울기)=\dfrac{-4-(-1)}{3-(-6)}=-\dfrac{1}{3}$

$y=-\dfrac{1}{3}x+b$로 놓고 $x=3$, $y=-4$를 대
입하면

$$-4=-\frac{1}{3}\times3+b$$

$$\therefore\ b=-3,\ 즉\ y=-\frac{1}{3}x-3$$

06

(1) 직선이 두 점 $(-2,\ 1)$, $(1,\ -5)$를 지나므
로 $(기울기)=\dfrac{-5-1}{1-(-2)}=-2$

$y=-2x+b$로 놓고 $x=1$, $y=-5$를 대입
하면

$$-5=-2\times1+b$$

$$\therefore\ b=-3,\ 즉\ y=-2x-3$$

(2) 직선이 두 점 $(-4, -7)$, $(2, 2)$를 지나므

로 (기울기)$=\dfrac{2-(-7)}{2-(-4)}=\dfrac{3}{2}$

$y=\dfrac{3}{2}x+b$로 놓고 $x=2$, $y=2$를 대입하

면 $2=\dfrac{3}{2}\times 2+b$

$\therefore\ b=-1$, 즉 $y=\dfrac{3}{2}x-1$

---

30 이차함수 (1)

01 (1) -6 (2) 0 (3) -12

     (4) $-\dfrac{33}{4}$ (5) 28

02 해설 참고

03 (1) ① $y=\dfrac{1}{2}x^2+1$ ② $(0,\ 1)$

     ③ $x=0$ ④ $x>0$

   (2) ① $y=-2x^2-5$ ② $(0,\ -5)$

     ③ $x=0$ ④ $x<0$

04 (1) ① $y=-2(x+1)^2$ ② $(-1,\ 0)$

     ③ $x=-1$ ④ $x<-1$

   (2) ① $y=5\left(x-\dfrac{1}{2}\right)^2$ ② $\left(\dfrac{1}{2},\ 0\right)$

     ③ $x=\dfrac{1}{2}$ ④ $x>\dfrac{1}{2}$

05 (1) ① $y=3(x-2)^2-1$② $(2,\ -1)$

     ③ $x=2$ ④ $x>2$

   (2) ① $y=-2(x+3)^2+2$

     ② $(-3,\ 2)$ ③ $x=-3$

     ④ $x<-3$

01

(1) $f(0)=0^2+5\times 0-6=-6$

(2) $f(1)=1^2+5\times 1-6=0$

(3) $f(-2)=(-2)^2+5\times(-2)-6=-12$

(4) $f\left(-\dfrac{1}{2}\right)=\left(-\dfrac{1}{2}\right)^2+5\times\left(-\dfrac{1}{2}\right)-6$

                $=-\dfrac{33}{4}$

(5) $f(3)=3^2+5\times 3-6=18$

    $f(-1)=(-1)^2+5\times(-1)-6=-10$

    $\therefore\ f(1)-f(-2)=18-(-10)=28$

02

	$y=2x^2$	$y=-\dfrac{1}{3}x^2$
그래프의 모양	아래로 볼록	위로 볼록
꼭짓점의 좌표	$(0,\ 0)$	$(0,\ 0)$
축의 방정식	$x=0$	$x=0$
x의 값이 증가할 때 y의 값도 증가하는 x의 값의 범위	$x>0$	$x<0$
x축에 대하여 대칭인 그래프의 식	$y=-2x^2$	$y=\dfrac{1}{3}x^2$

---

31 이차함수 (2)

01 (1) $y=-3(x-2)^2+7$ (2) $(2,\ 7)$

     (3) $x=2$ (4) $(0,\ -5)$

02 (1) $y=-x^2+6x-10$

   (2) $y=-2x^2-4x+4$

   (3) $y=\dfrac{1}{2}x^2+2x-1$

03 (1) $y=-x^2-2x+5$

   (2) $y=-2x^2+4x+4$

   (3) $y=\dfrac{1}{3}x^2-4x+8$

04 (1) $y=3x^2-6x+4$

   (2) $y=2x^2-4x-6$

   (3) $y=-\dfrac{3}{4}x^2+6x-5$

   (4) $y=-\dfrac{1}{2}x^2-x+4$

01

(1) $y=-3x^2+12x-5$

    $=-3(x^2-4x)-5$

$$=-3(x^2-4x+4-4)-5$$
$$=-3(x^2-4x+4)+12-5$$
$$=-3(x-2)^2+7$$

02

(1) 꼭짓점의 좌표가 $(3, -1)$이므로
이차함수의 식을 $y=a(x-3)^2-1$로 놓고
이 식에 $x=1$, $y=-5$를 대입하면
$-5=a(1-3)^2-1$, $4a=-4$
$\therefore a=-1$
$\therefore y=-(x-3)^2-1=-x^2+6x-10$

(2) 꼭짓점의 좌표가 $(-1, 6)$이므로
이차함수의 식을 $y=a(x+1)^2+6$으로 놓고
점 $(0, 4)$를 지나므로
$x=0$, $y=4$를 대입하면
$4=a(0+1)^2+6$ $\therefore a=-2$
$\therefore y=-2(x+1)^2+6=-2x^2-4x+4$

(3) 꼭짓점의 좌표가 $(-2, -3)$이므로
이차함수의 식을 $y=a(x+2)^2-3$으로 놓고
점 $(0, -1)$을 지나므로
$x=0$, $y=-1$을 대입하면
$-1=a(0+2)^2-3$, $4a=2$ $\therefore a=\dfrac{1}{2}$
$\therefore y=\dfrac{1}{2}(x+2)^2-3=\dfrac{1}{2}x^2+2x-1$

03

(1) 축의 방정식이 $x=-1$이므로
이차함수의 식을 $y=a(x+1)^2+q$로 놓고
이 식에 $x=-2$, $y=5$를 대입하면
$5=a(-2+1)^2+q$
$a+q=5$ …… ㉠
$x=1$, $y=2$를 대입하면
$2=a(1+1)^2+q$
$4a+q=2$ …… ㉡
㉡-㉠을 하면 $3a=-3$ $\therefore a=-1$
$a=-1$을 ㉠에 대입하면
$-1+q=5$ $\therefore q=6$
$\therefore y=-(x+1)^2+6=-x^2-2x+5$

(2) 축의 방정식이 $x=1$이므로
이차함수의 식을 $y=a(x-1)^2+q$로 놓고
두 점 $(-1, -2)$, $(0, 4)$를 지나므로
$x=-1$, $y=-2$를 대입하면
$-2=a(-1-1)^2+q$
$4a+q=-2$ …… ㉠
$x=0$, $y=4$를 대입하면
$4=a(0-1)^2+q$
$a+q=4$ …… ㉡
㉠-㉡을 하면 $3a=-6$ $\therefore a=-2$
$a=-2$를 ㉡에 대입하면
$-2+q=4$ $\therefore q=6$
$\therefore y=-2(x-1)^2+6=-2x^2+4x+4$

(3) 축의 방정식이 $x=6$이므로
이차함수의 식을 $y=a(x-6)^2+q$로 놓고
두 점 $(0, 8)$, $(9, -1)$을 지나므로
$x=0$, $y=8$을 대입하면
$8=a(0-6)^2+q$
$36a+q=8$ …… ㉠
$x=9$, $y=-1$을 대입하면
$-1=a(9-6)^2+q$
$9a+q=-1$ …… ㉡
㉠-㉡을 하면 $27a=9$ $\therefore a=\dfrac{1}{3}$
$a=\dfrac{1}{3}$을 ㉡에 대입하면
$3+q=-1$ $\therefore q=-4$
$\therefore y=\dfrac{1}{3}(x-6)^2-4=\dfrac{1}{3}x^2-4x+8$

04

(1) 구하는 이차함수의 식을 $y=ax^2+bx+c$로
놓고 $x=0$, $y=4$를 대입하면 $c=4$
즉 $y=ax^2+bx+4$에
$x=1$, $y=1$을 대입하면
$1=a+b+4$에서
$a+b=-3$ …… ㉠
$x=2$, $y=4$를 대입하면
$4=4a+2b+4$에서
$2a+b=0$ …… ㉡

$ⓛ-ⓞ$을 하면 $a=3$

$a=3$을 $ⓞ$에 대입하면

$3+b=-3$ ∴ $b=-6$

∴ $y=3x^2-6x+4$

(2) 구하는 이차함수의 식을

$y=a(x+1)(x-3)$으로 놓고

$x=2$, $y=-6$을 대입하면

$-6=a(2+1)(2-3)$, $-3a=-6$

∴ $a=2$

∴ $y=2(x+1)(x-3)$

$=2(x^2-2x-3)$

$=2x^2-4x-6$

(3) 세 점 $(0, -5)$, $(2, 4)$, $(6, 4)$를 지나므로 이차함수의 식을 $y=ax^2+bx+c$로 놓고 $x=0$, $y=-5$를 대입하면 $c=-5$

즉 $y=ax^2+bx-5$에

$x=2$, $y=4$를 대입하면

$4=4a+2b-5$에서

$4a+2b=9$ …… $ⓞ$

$x=6$, $y=4$를 대입하면

$4=36a+6b-5$에서

$12a+2b=3$ …… $ⓛ$

$ⓛ-ⓞ$을 하면 $8a=-6$ ∴ $a=-\dfrac{3}{4}$

$a=-\dfrac{3}{4}$을 $ⓞ$에 대입하면

$-3+2b=9$, $2b=12$ ∴ $b=6$

∴ $y=-\dfrac{3}{4}x^2+6x-5$

(4) x축과의 교점이 점 $(-4, 0)$, $(2, 0)$이므로 이차함수의 식을 $y=a(x+4)(x-2)$로 놓고 $x=0$, $y=4$를 대입하면

$4=a(0+4)(0-2)$, $-8a=4$

∴ $a=-\dfrac{1}{2}$

∴ $y=-\dfrac{1}{2}(x+4)(x-2)$

$=-\dfrac{1}{2}(x^2+2x-8)$

$=-\dfrac{1}{2}x^2-x+4$

V 확률과 통계

32 경우의 수

01 (1) 720 (2) 6 (3) 60

02 (1) 24 (2) 6 (3) 12

03 (1) 두 자리 : 20, 세 자리 : 60

  (2) 두 자리 : 25, 세 자리 : 100

04 (1) 9 (2) 3 (3) 6

05 (1) 2 (2) 7 (3) 3

06 (1) 20 (2) 60 (3) 10

  (4) 10 (5) 30

01

(1) $6\times5\times4\times3\times2\times1=720$

(2) $3\times2=6$

(3) $5\times4\times3=60$

02

(1) A를 제외한 B, C, D, E를 한 줄로 세우고, 맨 앞에 A를 세우면 되므로 구하는 경우의 수는 $4\times3\times2\times1=24$

(2) 자리가 고정된 A, B를 제외한 나머지 3명을 한 줄로 세우는 경우의 수와 같으므로 $3\times2\times1=6$

(3) (i) A○○○B인 경우의 수

   C, D, E를 한 줄로 세우는 경우의 수이므로 $3\times2\times1=6$

  (ii) B○○○A인 경우의 수

   C, D, E를 한 줄로 세우는 경우의 수이므로 $3\times2\times1=6$

  (i), (ii)에서 $6+6=12$

03

(1) (i) 십의 자리에 올 수 있는 숫자는 5개, 일의 자리에 올 수 있는 숫자는 십의 자리에 놓인 숫자를 제외한 4개

   ∴ $5\times4=20$

  (ii) 백의 자리에 올 수 있는 숫자는 5개, 십의 자리에 올 수 있는 숫자는 백의 자리에 놓인 숫자를 제외한 4개,

일의 자리에 올 수 있는 숫자는

앞의 두 자리에 놓인 숫자를 제외한 3개

∴ $5 \times 4 \times 3 = 60$

(2) (i) 십의 자리에 올 수 있는 숫자는

0을 제외한 5개,

일의 자리에 올 수 있는 숫자는

십의 자리에 놓인 숫자를 제외한 5개

∴ $5 \times 5 = 25$

(ii) 백의 자리에 올 수 있는 숫자는

0을 제외한 5개,

십의 자리에 올 수 있는 숫자는

백의 자리에 놓인 숫자를 제외한 5개,

일의 자리에 올 수 있는 숫자는

앞의 두 자리에 놓인 숫자를 제외한 4개

∴ $5 \times 5 \times 4 = 100$

04

(1)
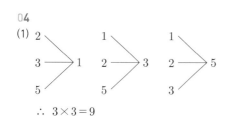

∴ $3 \times 3 = 9$

(2)

∴ $1 \times 3 = 3$

(3)
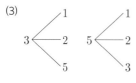

∴ $2 \times 3 = 6$

05

(1)

∴ $1 \times 2 = 2$

(2)
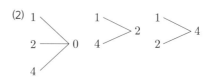

∴ $3 + 2 + 2 = 7$

(3)

∴ $1 \times 3 = 3$

06

(1) $5 \times 4 = 20$

(2) $5 \times 4 \times 3 = 60$

(3) $\dfrac{5 \times 4}{2 \times 1} = 10$

(4) $\dfrac{5 \times 4 \times 3}{3 \times 2 \times 1} = 10$

(5) 대표 2명을 뽑는 경우의 수는 10,

나머지 3명 중에서 서기 1명을 뽑는 경우의

수는 3

∴ $10 \times 3 = 30$

33 확률 (1)

01 (1) $\dfrac{7}{15}$　　(2) $\dfrac{1}{5}$　　(3) $\dfrac{3}{5}$

02 (1) $\dfrac{1}{2}$　　(2) $\dfrac{1}{4}$

03 (1) $\dfrac{1}{6}$　　(2) $\dfrac{1}{12}$

04 (1) 0　　(2) 1　　(3) 1　　(4) 0

05 (1) $\dfrac{1}{3}$　　(2) $\dfrac{7}{10}$　　(3) $\dfrac{3}{4}$　　(4) $\dfrac{3}{4}$

01

(1) 짝수는 2, 4, 6, 8, 10, 12, 14의 7가지이

므로 구하는 확률은 $\dfrac{7}{15}$

(2) 5의 배수는 5, 10, 15의 3가지이므로 구하

는 확률은 $\dfrac{3}{15} = \dfrac{1}{5}$

(3) 10보다 작은 수는 1, 2, 3, …, 9의 9가지
   이므로 구하는 확률은 $\dfrac{9}{15} = \dfrac{3}{5}$

02

(1) 모든 경우의 수는 4가지
   앞면이 1개 나오는 경우는 (앞, 뒤), (뒤, 앞)
   의 2가지이므로 구하는 확률은 $\dfrac{2}{4} = \dfrac{1}{2}$

(2) 앞면이 1개 나오는 경우는 (앞, 앞)의 1가지
   이므로 구하는 확률은 $\dfrac{1}{4}$

03

(1) 모든 경우의 수는 36가지
   두 눈의 수가 같은 경우는
   (1, 1), (2, 2), (3, 3), (4, 4), (5, 5),
   (6, 6)의 6가지이므로 구하는 확률은
   $\dfrac{6}{36} = \dfrac{1}{6}$

(2) 두 눈의 수의 합이 4인 경우는
   (1, 3), (2, 2), (3, 1)의 3가지이므로
   구하는 확률은 $\dfrac{3}{36} = \dfrac{1}{12}$

04

(1) 9 이상의 수가 적힌 카드가 없으므로 구하는
   확률은 0

(2) 동전 한 개를 던지면 항상 앞면 또는 뒷면이
   나오므로 구하는 확률은 1

(3) 서로 다른 두 개의 주사위를 동시에 던질 때,
   두 눈의 수의 합은 항상 12 이하이므로
   구하는 확률은 1

(4) 주머니 속에 파란 공이 없으므로 구하는 확
   률은 0

05

(1) (사건 A가 일어나지 않을 확률)
   = 1 − (사건 A가 일어날 확률)
   = $1 - \dfrac{2}{3} = \dfrac{1}{3}$

(2) 당첨될 확률이 $\dfrac{3}{10}$이므로
   당첨되지 않을 확률은 $1 - \dfrac{3}{10} = \dfrac{7}{10}$

(3) (뒷면이 적어도 한 개 나올 확률)
   = 1 − (두 개 모두 앞면이 나올 확률)
   = $1 - \dfrac{1}{4} = \dfrac{3}{4}$

(4) (홀수의 눈이 적어도 한 개 나올 확률)
   = 1 − (두 눈의 수가 모두 짝수가 나올 확률)
   = $1 - \dfrac{1}{4} = \dfrac{3}{4}$

34 확률(2)

01 (1) $\dfrac{1}{2}$ (2) $\dfrac{7}{20}$ (3) $\dfrac{1}{6}$

02 (1) $\dfrac{1}{4}$ (2) $\dfrac{1}{3}$ (3) $\dfrac{1}{8}$

03 (1) $\dfrac{1}{4}$ (2) $\dfrac{1}{6}$ (3) $\dfrac{5}{6}$

04 (1) $\dfrac{2}{9}$ (2) $\dfrac{1}{4}$

05 (1) $\dfrac{1}{16}$ (2) $\dfrac{9}{16}$ (3) $\dfrac{3}{16}$ (4) $\dfrac{1}{4}$

01

(1) $\dfrac{3}{10} + \dfrac{2}{10} = \dfrac{5}{10} = \dfrac{1}{2}$

(2) 4의 배수가 나오는 경우는 4, 8, 12, 16,
   20의 5가지이므로 확률은 $\dfrac{5}{20} = \dfrac{1}{4}$
   7의 배수가 나오는 경우는 7, 14의 2가지이
   므로 확률은 $\dfrac{2}{20} = \dfrac{1}{10}$
   $\therefore \dfrac{1}{4} + \dfrac{1}{10} = \dfrac{5}{20} + \dfrac{2}{20} = \dfrac{7}{20}$

(3) 두 눈의 수의 합이 4인 경우는
   (1, 3), (2, 2), (3, 1)의 3가지이므로
   확률은 $\dfrac{3}{36} = \dfrac{1}{12}$
   두 눈의 수의 합이 10인 경우는

$(4, 6)$, $(5, 5)$, $(6, 4)$의 3가지이므로

확률은 $\dfrac{3}{36}=\dfrac{1}{12}$

$\therefore$ $\dfrac{1}{12}+\dfrac{1}{12}=\dfrac{2}{12}=\dfrac{1}{6}$

02

(1) 100원짜리 동전을 던져서 앞면이 나올 확률
은 $\dfrac{1}{2}$

500원짜리 동전을 던져서 앞면이 나올 확률
은 $\dfrac{1}{2}$

따라서 두 개의 동전을 동시에 던질 때,
동전 두 개가 모두 앞면이 나올 확률은

$\dfrac{1}{2}\times\dfrac{1}{2}=\dfrac{1}{4}$

(2) 6의 약수의 눈이 나오는 경우는 1, 2, 3, 6
의 4가지이므로 확률은 $\dfrac{4}{6}=\dfrac{2}{3}$

소수의 눈이 나오는 경우는 2, 3, 5의 3가
지이므로 확률은 $\dfrac{3}{6}=\dfrac{1}{2}$

$\therefore$ $\dfrac{2}{3}\times\dfrac{1}{2}=\dfrac{1}{3}$

(3) 두 개의 동전에서 모두 뒷면이 나오는 경우
는 (뒤, 뒤)의 1가지이므로 확률은 $\dfrac{1}{4}$

주사위에서 짝수의 눈이 나오는 경우는 2,
4, 6의 3가지이므로 확률은 $\dfrac{3}{6}=\dfrac{1}{2}$

$\therefore$ $\dfrac{1}{4}\times\dfrac{1}{2}=\dfrac{1}{8}$

03

(1) $\dfrac{1}{3}\times\dfrac{3}{4}=\dfrac{1}{4}$

(2) A가 명중시키지 못할 확률은 $1-\dfrac{1}{3}=\dfrac{2}{3}$

B가 명중시키지 못할 확률은 $1-\dfrac{3}{4}=\dfrac{1}{4}$

$\therefore$ $\dfrac{2}{3}\times\dfrac{1}{4}=\dfrac{1}{6}$

(3) 적어도 한 사람은 명중시킬 확률은
1−(둘 다 명중시키지 못할 확률)

$=1-\dfrac{1}{6}=\dfrac{5}{6}$

04

(1) 첫 번째에 빨간 공을 꺼낼 확률은 $\dfrac{3}{9}=\dfrac{1}{3}$

두 번째에 파란 공을 꺼낼 확률은 $\dfrac{6}{9}=\dfrac{2}{3}$

$\therefore$ $\dfrac{1}{3}\times\dfrac{2}{3}=\dfrac{2}{9}$

(2) 첫 번째에 빨간 공을 꺼낼 확률은 $\dfrac{3}{9}=\dfrac{1}{3}$

두 번째에 파란 공을 꺼낼 확률은 $\dfrac{6}{8}=\dfrac{3}{4}$

$\therefore$ $\dfrac{1}{3}\times\dfrac{3}{4}=\dfrac{1}{4}$

05

(1) A, B 모두 당첨될 확률은
A가 당첨 제비를 뽑고 B도 당첨 제비를 뽑
을 확률이므로 구하는 확률은

$\dfrac{3}{12}\times\dfrac{3}{12}=\dfrac{1}{16}$

(2) A, B 모두 당첨되지 않을 확률은
A가 당첨 제비를 뽑지 못하고 B도 당첨 제
비를 뽑지 못할 확률이므로 구하는 확률은

$\dfrac{9}{12}\times\dfrac{9}{12}=\dfrac{9}{16}$

(3) A만 당첨될 확률은
A는 당첨 제비를 뽑고 B는 당첨 제비를 뽑
지 못할 확률이므로 구하는 확률은

$\dfrac{3}{12}\times\dfrac{9}{12}=\dfrac{3}{16}$

(4) A가 당첨될 확률은
(A, B 모두 당첨될 확률)+(A만 당첨될 확률)

$=\dfrac{1}{16}+\dfrac{3}{16}=\dfrac{4}{16}=\dfrac{1}{4}$

01 (1) 평균 : 7, 중앙값 : 6, 최빈값 : 5

(2) 평균 : 9, 중앙값 : 8, 최빈값 : 4, 8

02 13   **03** 귤

04 분산 : 16, 표준편차 : 4

05 (1) 평균 : 5, 분산 : 4, 표준편차 : 2

(2) 평균 : 24, 분산 : 15, 표준편차 : $\sqrt{15}$

06 (1) 4   (2) $\sqrt{10}$

01

(1) (평균)$=\dfrac{11+5+5+7}{4}=\dfrac{28}{4}=7$

자료를 작은 값에서부터 크기순으로 나열하면 5, 5, 7, 11이므로

(중앙값)$=\dfrac{5+7}{2}=6$

자료의 값 중에서 가장 많이 나타난 값이 5이므로 최빈값은 5이다.

(2) (평균)$=\dfrac{14+4+8+4+8+9+16}{7}$

$=\dfrac{63}{7}=9$

자료를 작은 값에서부터 크기순으로 나열하면 4, 4, 8, 8, 9, 14, 16이므로

(중앙값)$=8$

자료의 값 중에서 가장 많이 나타난 값이 4, 8이므로 최빈값은 4, 8이다.

02

평균이 9이므로

$\dfrac{2+x+5+11+14}{5}=9$에서

$x+32=45$ $\therefore$ $x=13$

03

귤을 좋아하는 학생이 13명으로 가장 많으므로 최빈값은 귤이다.

04

(분산)$=\dfrac{5^2+(-3)^2+1^2+(-6)^2+3^2}{5}$

$=\dfrac{80}{5}=16$

(표준편차)$=\sqrt{16}=4$

05

(1) (평균)$=\dfrac{4+8+2+6+5}{5}=\dfrac{25}{5}=5$

이때 각 변량의 편차가 -1, 3, -3, 1, 0이므로

(분산)$=\dfrac{(-1)^2+3^2+(-3)^2+1^2+0^2}{5}$

$=\dfrac{20}{5}=4$

(표준편차)$=\sqrt{4}=2$

(2) (평균)$=\dfrac{26+27+20+18+29+24}{6}$

$=\dfrac{144}{6}=24$

이때 각 변량의 편차가 2, 3, -4, -6, 5, 0이므로

(분산)

$=\dfrac{2^2+3^2+(-4)^2+(-6)^2+5^2+0^2}{6}$

$=\dfrac{90}{6}=15$

(표준편차)$=\sqrt{15}$

06

(1) 평균이 6이므로

$\dfrac{7+a+6+3+5}{5}=6$

$21+a=30$ $\therefore$ $a=9$

이때 각 변량의 편차가 1, 3, 0, -3, -1이므로

(분산)$=\dfrac{1^2+3^2+0^2+(-3)^2+(-1)^2}{5}$

$=\dfrac{20}{5}=4$

(2) 평균이 9이므로

$$\frac{5+12+a+9+13}{5}=9$$

$$39+a=45 \quad \therefore \ a=6$$

이때 각 변량의 편차가 $-4,\ 3,\ -3,\ 0,\ 4$
이므로

$$(분산)=\frac{(-4)^2+3^2+(-3)^2+0^2+4^2}{5}$$

$$=\frac{50}{5}=10$$

$$\therefore \ (표준편차)=\sqrt{10}$$

Ⅵ 도형

36 맞꼭지각과 동위각, 엇각

01 (1) $110°$ (2) $55°$ (3) $35°$
02 (1) $105°$ (2) $105°$ (3) $105°$
    (4) $75°$ (5) $75°$ (6) $65°$
03 (1) $\angle x=55°,\ \angle y=125°$
    (2) $\angle x=105°,\ \angle y=65°$
    (3) $\angle x=75°,\ \angle y=45°$
    (4) $\angle x=80°,\ \angle y=130°$
04 (1) $l\,/\!/\,n$ (2) $l\,/\!/\,n,\ p\,/\!/\,q$

01
(1) $120°=\angle x+10°$ $\therefore \ \angle x=110°$
(2) $\angle x+80°+45°=180°$ 이므로
    $\angle x+125°=180°$ $\therefore \ \angle x=55°$
(3) $\angle x+110°+\angle x=180°$ 이므로
    $2\angle x+110°=180°$
    $2\angle x=70°$ $\therefore \ \angle x=35°$

02
(1) $\angle a$ 의 동위각은 $\angle d$ 이므로
    $\angle d=105°$ (맞꼭지각)

(4) ($\angle c$ 의 동위각의 크기)
    $=180°-105°=75°$
(5) ($\angle c$ 의 엇각의 크기)$=180°-105°=75°$
(6) $\angle d$ 의 동위각은 $\angle a$ 이므로
    $\angle a=180°-115°=65°$

03
(2)
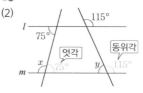

$$\angle x=180°-75°=105°$$
$$\angle y=180°-115°=65°$$

(3)
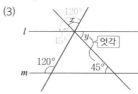

$$\angle y=45° (엇각)$$
$$\angle x=120°-45°=75°$$

(4)
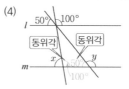

$$\angle x=180°-100°=80°$$
$$\angle y=180°-50°=130°$$

04
(1)
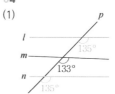

l 과 n 의 동위각의 크기가 $135°$ 로 같으므로
$l\,/\!/\,n$

(2)
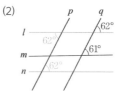

l 과 n 의 엇각의 크기가 $62°$ 로 같으므로

$l \parallel n$

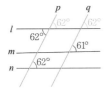

p 와 q 의 동위각의 크기가 $62°$ 로 같으므로

$p \parallel q$

37 삼각형의 합동 조건

01 △ABC ≡ △PRQ (SAS 합동)

△DEF ≡ △NMO (ASA 합동)

△GHI ≡ △LJK (SSS 합동)

02 (1) $\overline{AC} = \overline{DF}$, SAS 합동

(2) $\angle B = \angle E$, ASA 합동

(3) $\angle C = \angle F$, ASA 합동

((1), (2), (3)의 순서는 바뀌어도 된다.)

03 (1) $\overline{OC}$ (2) $\overline{OB}$ (3) $\angle COD$

(4) SAS

01

△ABC와 △PRQ에서

$\overline{AC} = \overline{PQ} = 4$ cm , $\overline{CB} = \overline{QR} = 5$ cm ,

$\angle C = \angle Q = 50°$

∴ △ABC ≡ △PRQ (SAS 합동)

△DEF와 △NMO에서

$\overline{EF} = \overline{MO} = 5$ cm , $\angle E = \angle M = 60°$,

$\angle F = \angle O = 50°$

∴ △DEF ≡ △NMO (ASA 합동)

△GHI와 △LJK에서

$\overline{GH} = \overline{LJ} = 4$ cm , $\overline{HI} = \overline{JK} = 5$ cm ,

$\overline{IG} = \overline{KL} = 6$ cm

∴ △GHI ≡ △LJK (SSS 합동)

38 이등변삼각형의 성질

01 (1) $x = 116$, $y = 52$

(2) $x = 63$, $y = 35$ (3) $x = 5$, $y = 25$

(4) $x = 14$, $y = 50$

02 (1) 8   (2) 12   (3) 6   (4) 5

03 (1) $111°$ (2) $108°$

04 (1) $\angle x = 74°$, $\angle y = 42°$

(2) $\angle x = 40°$, $\angle y = 30°$

01

(1) $\angle ACB = \angle B = 64°$ 이므로

$\angle ACD = 180° - 64° = 116°$

∴ $x = 116$

또 $116° = \angle A + 64°$ 이므로

$\angle A = 116° - 64° = 52°$ ∴ $y = 52$

(2) △ABC 에서 $\overline{AB} = \overline{AC}$ 이므로

$\angle ACB = \dfrac{1}{2} \times (180° - \angle BAC)$

$= \dfrac{1}{2} \times (180° - 54°) = 63°$

∴ $x = 63$

△ACD 에서 $\angle CAD + 28° = 63°$ 이므로

$\angle CAD = 63° - 28° = 35°$ ∴ $y = 35$

(3) △ABC 에서 $\overline{AB} = \overline{AC}$ 이므로

$\overline{CD} = \overline{BD} = 5$ (cm)   ∴ $x = 5$

$\angle ADB = 90°$ 이므로

$\angle BAD = 180° - (90° + 65°) = 25°$

∴ $\angle CAD = \angle BAD = 25°$

∴ $y = 25$

(4) $\overline{BC} = 2\overline{BD} = 2 \times 7 = 14$ (cm)

∴ $x = 14$

$\angle CAD = \angle BAD = 40°$, $\angle ADC = 90°$

이므로

$\angle ACD = 180° - (90° + 40°) = 50°$

∴ $y = 50$

02

(1) $\angle A = \angle C$ 이므로 △ABC 는 이등변삼각형이다.

∴ $\overline{BC} = \overline{BA} = 8$ (cm) , 즉 $x = 8$

(2) $\angle C = 180° - (65° + 50°) = 65°$이므로

$\angle A = \angle C$

따라서 $\triangle ABC$는 이등변삼각형이므로

$\overline{BC} = \overline{BA} = 12\,(\mathrm{cm})$ $\quad \therefore x = 12$

(3) $110° = \angle C + 55°$이므로 $\quad \angle C = 55°$

$\quad \therefore \angle B = \angle C$

따라서 $\triangle ABC$는 $\overline{AB} = \overline{AC}$인 이등변삼각

형이므로 $x = 6$

(4)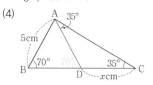

$\triangle ADC$는 이등변삼각형이므로

$\overline{AD} = \overline{DC} = x\,(\mathrm{cm})$

한편 $\angle ADB = \angle DAC + \angle DCA$

$\qquad\qquad\quad = 35° + 35° = 70°$

즉 $\angle ABD = \angle ADB$이므로

$\triangle ABD$는 이등변삼각형이다.

$\quad \therefore \overline{AD} = \overline{AB} = 5\,(\mathrm{cm})$, 즉 $x = 5$

03

(1)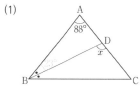

$\angle ABC = \dfrac{1}{2} \times (180° - 88°) = 46°$이므로

$\angle ABD = \dfrac{1}{2} \angle ABC = \dfrac{1}{2} \times 46° = 23°$

$\triangle ABD$에서

$\angle x = \angle BAD + \angle ABD$

$\qquad = 88° + 23° = 111°$

(2)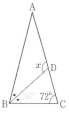

$\angle ABC = \angle ACB = 72°$이므로

$\angle DBC = \dfrac{1}{2} \angle ABC$

$\qquad\quad = \dfrac{1}{2} \times 72° = 36°$

$\triangle DBC$에서

$\angle x = \angle DBC + \angle DCB$

$\qquad = 36° + 72° = 108°$

04

(1)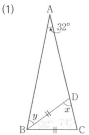

$\triangle ABC$에서

$\angle ABC = \angle ACB$

$\qquad\qquad = \dfrac{1}{2} \times (180° - 32°) = 74°$

$\triangle BCD$에서 $\overline{BC} = \overline{BD}$이므로

$\angle x = \angle BCD = 74°$

$\angle DBC = 180° - 2 \times 74° = 32°$

$\therefore \angle y = \angle ABC - \angle DBC$

$\qquad\quad = 74° - 32° = 42°$

(2)

$\triangle ABC$에서

$\angle x = 180° - 2 \times 70° = 40°$

$\angle ACB = \angle ABC = 70°$

$\triangle CDB$에서 $\overline{CB} = \overline{CD}$이므로

$\angle DCB = 180° - 2 \times 70° = 40°$

$\therefore \angle y = \angle ACB - \angle DCB$

$\qquad\quad = 70° - 40° = 30°$

01 △ABC ∽ △RPQ(AA 닮음)

△DEF ∽ △NOM (SAS 닮음)

△GHI ∽ △KJL(SSS 닮음)

02 (1) △ABC ∽ △ADE (SAS 닮음)

(2) △ABC ∽ △DAC (SSS 닮음)

(3) △ABC ∽ △EDC (SAS 닮음)

(4) △ABC ∽ △AED (AA 닮음)

03 (1) 1   (2) 6   (3) 14

(4) 12   (5) 6   (6) 9

01

△ABC와 △RPQ에서

$\angle C = \angle Q = 45°$

$\angle B = 180° - (80° + 45°) = 55° = \angle P$

∴ △ABC ∽ △RPQ(AA 닮음)

△DEF와 △NOM에서

$\angle E = \angle O = 40°$

$\overline{DE} : \overline{NO} = 6 : 9 = 2 : 3$

$\overline{EF} : \overline{OM} = 8 : 12 = 2 : 3$

∴ △DEF ∽ △NOM(SAS 닮음)

△GHI와 △KJL에서

$\overline{GH} : \overline{KJ} = 6 : 12 = 1 : 2$

$\overline{HI} : \overline{JL} = 5 : 10 = 1 : 2$

$\overline{IG} : \overline{LK} = 4 : 8 = 1 : 2$

∴ △GHI ∽ △KJL(SSS 닮음)

02

(1)

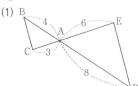

△ABC와 △ADE에서

$\overline{AB} : \overline{AD} = 4 : 8 = 1 : 2$

$\overline{AC} : \overline{AE} = 3 : 6 = 1 : 2$

$\angle BAC = \angle DAE$ (맞꼭지각)

∴ △ABC ∽ △ADE (SAS 닮음)

(2) △ABC 와 △DAC 에서

$\overline{AB} : \overline{DA} = 10 : 7.5 = 4 : 3$

$\overline{BC} : \overline{AC} = 16 : 12 = 4 : 3$

$\overline{CA} : \overline{CD} = 12 : 9 = 4 : 3$

∴ △ABC ∽ △DAC (SSS 닮음)

(3) △ABC 와 △EDC 에서

$\overline{AC} : \overline{EC} = 9 : 3 = 3 : 1$

$\overline{BC} : \overline{DC} = (9+3) : 4 = 3 : 1$

∠C 는 공통

∴ △ABC ∽ △EDC (SAS 닮음)

(4) △ABC 와 △AED 에서

∠A는 공통

$\angle ABC = \angle AED$

∴ △ABC ∽ △AED (AA 닮음)

03

(1)

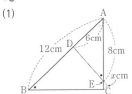

△ABC ∽ △AED (AA 닮음)이므로

$\overline{AB} : \overline{AE} = \overline{AC} : \overline{AD}$ 에서

$12 : 8 = (8+x) : 6$

$8(8+x) = 72$

$8+x = 9$ ∴ $x = 1$

(2)

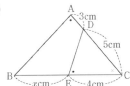

△ABC ∽ △EDC (AA 닮음)이므로

$\overline{AC} : \overline{EC} = \overline{BC} : \overline{DC}$ 에서

$(3+5) : 4 = (x+4) : 5$

$4(x+4) = 40$

$x+4 = 10$ ∴ $x = 6$

(3)

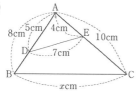

$\triangle ABC \backsim \triangle AED$ (SAS 닮음)이므로

$\overline{AB} : \overline{AE} = \overline{BC} : \overline{ED}$ 에서

$8 : 4 = x : 7$

$4x = 56$ ∴ $x = 14$

(4)

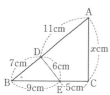

$\triangle ABC \backsim \triangle EBD$ (SAS 닮음)이므로

$\overline{AB} : \overline{EB} = \overline{AC} : \overline{ED}$ 에서

$(11+7) : 9 = x : 6$

$9x = 108$ ∴ $x = 12$

(5)

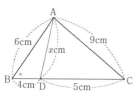

$\triangle ABC \backsim \triangle DBA$ (SAS 닮음)이므로

$\overline{AB} : \overline{DB} = \overline{AC} : \overline{DA}$ 에서

$6 : 4 = 9 : x$

$6x = 36$ ∴ $x = 6$

(6)

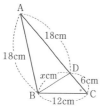

$\triangle ABC \backsim \triangle BDC$ (SAS 닮음)이므로

$\overline{AB} : \overline{BD} = \overline{AC} : \overline{BC}$ 에서

$18 : x = (18+6) : 12$

$24x = 216$ ∴ $x = 9$

01 (1) $x = 8$, $y = 9$

(2) $x = 4$, $y = 12.5$

(3) $x = 4$, $y = 12$

02 ㄱ, ㄷ, ㅁ, ㅂ

03 (1) 7   (2) 20   (3) 8

04 (1) 11   (2) 12   (3) 24

05 (1) 22 cm   (2) 17 cm

01

(1) $x : 4 = 6 : 3$ 에서

$3x = 24$ ∴ $x = 8$

$6 : (6+3) = 6 : y$ 에서

$6y = 54$ ∴ $y = 9$

(2) $6 : (6+9) = x : 10$ 에서

$15x = 60$ ∴ $x = 4$

$9 : (9+6) = 7.5 : y$ 에서

$9y = 112.5$ ∴ $y = 12.5$

(3) $4 : (4+16) = x : 20$ 에서

$20x = 80$ ∴ $x = 4$

$4 : 16 = 3 : y$ 에서

$4y = 48$ ∴ $y = 12$

02

ㄱ. $\overline{AD} : \overline{DB} = 9 : (15-9) = 9 : 6 = 3 : 2$

$\overline{AE} : \overline{EC} = 3 : 2$

따라서 $\overline{AD} : \overline{DB} = \overline{AE} : \overline{EC}$ 이므로

$\overline{BC} /\!/ \overline{DE}$

ㄴ. $\overline{AB} : \overline{AD} = 6 : (6+2) = 6 : 8 = 3 : 4$

$\overline{BC} : \overline{DE} = 3 : 8$

∴ $\overline{AB} : \overline{AD} \neq \overline{BC} : \overline{DE}$

ㄷ. $\overline{AB} : \overline{BD} = 12 : 4 = 3 : 1$

$\overline{AC} : \overline{CE} = 9 : (12-9) = 9 : 3 = 3 : 1$

따라서 $\overline{AB} : \overline{BD} = \overline{AC} : \overline{CE}$ 이므로

$\overline{BC} /\!/ \overline{DE}$

ㄹ. $\overline{AB} : \overline{AD} = 6 : 9 = 2 : 3$

$\overline{AC} : \overline{AE} = 4 : 12 = 1 : 3$

∴ $\overline{AB} : \overline{AD} \neq \overline{AC} : \overline{AE}$

ㅁ. $\overline{AB} : \overline{AD} = 10 : (12-10)$
$\qquad\qquad = 10 : 2 = 5 : 1$

$\overline{AC} : \overline{AE} = 15 : (18-15)$
$\qquad\qquad = 15 : 3 = 5 : 1$

따라서 $\overline{AB} : \overline{AD} = \overline{AC} : \overline{AE}$ 이므로
$\overline{BC} /\!\!/ \overline{DE}$

ㅂ. $\overline{AE} : \overline{AC} = 3 : (3+4) = 3 : 7$

$\overline{DE} : \overline{BC} = 2 : \dfrac{14}{3} = 3 : 7$

따라서 $\overline{AE} : \overline{AC} = \overline{DE} : \overline{BC}$ 이므로
$\overline{BC} /\!\!/ \overline{DE}$

따라서 $\overline{BC} /\!\!/ \overline{DE}$ 인 것은 ㄱ, ㄷ, ㅁ, ㅂ이다.

03

(1) $\overline{MN} = \dfrac{1}{2}\overline{BC} = \dfrac{1}{2} \times 14 = 7\,(\text{cm})$

$\qquad \therefore\ x = 7$

(2) $\overline{BC} = 2\overline{MN} = 2 \times 10 = 20\,(\text{cm})$

$\qquad \therefore\ x = 20$

(3) $\overline{MN} = \dfrac{1}{2}\overline{BC} = \dfrac{1}{2} \times 16 = 8\,(\text{cm})$

$\qquad \therefore\ x = 8$

04

(1) $\overline{AN} = \overline{NC} = \dfrac{1}{2}\overline{AC} = \dfrac{1}{2} \times 22 = 11\,(\text{cm})$

$\qquad \therefore\ x = 11$

(2) $\overline{BC} = 2\overline{MN} = 2 \times 6 = 12\,(\text{cm})$

$\qquad \therefore\ x = 12$

(3) $\overline{BC} = 2\overline{MN} = 2 \times 12 = 24\,(\text{cm})$

$\qquad \therefore\ x = 24$

05

(1) ($\triangle$PQR 의 둘레의 길이)
$= \overline{PQ} + \overline{QR} + \overline{PR}$
$= \dfrac{1}{2}\overline{AC} + \dfrac{1}{2}\overline{AB} + \dfrac{1}{2}\overline{BC}$
$= 6 + 7 + 9 = 22\,(\text{cm})$

(2) ($\triangle$PQR 의 둘레의 길이)
$= \overline{PQ} + \overline{QR} + \overline{PR}$

$= \dfrac{1}{2}\overline{AC} + \dfrac{1}{2}\overline{AB} + \dfrac{1}{2}\overline{BC}$

$= \dfrac{7}{2} + \dfrac{15}{2} + 6 = 17\,(\text{cm})$

---

41 삼각형의 외심

01 ㄷ, ㅁ

02 3 cm

03 (1) 20°　　(2) 65°　　(3) 40°
　　(4) 60°　　(5) 134°　　(6) 25°

04 (1) $\angle x = 59°$, $\angle y = 118°$
　　(2) $\angle x = 70°$, $\angle y = 140°$

01

ㄷ. 점 P 에서 세 꼭짓점에 이르는 거리가 같으
　므로 외심이다.

ㅁ. 점 P 는 세 변의 수직이등분선의 교점이므로
　외심이다.

따라서 점 P가 외심인 것은 ㄷ, ㅁ이다.

02

직각삼각형 ABC 의 외심 O 는 빗변의 중점이
므로 $\overline{OA} = \overline{OB} = \overline{OC} = 3\,(\text{cm})$ 이다.

03

(1) $40° + \angle x + 30° = 90°$　　$\therefore\ \angle x = 20°$

(2) $\angle x = \dfrac{1}{2} \times 130° = 65°$

(3) $\triangle$OBC 에서 $\overline{OB} = \overline{OC}$ 이므로
　$\angle BOC = 180° - 2 \times 50° = 80°$

$\qquad \therefore\ \angle x = \dfrac{1}{2} \times 80° = 40°$

(4) $20° + 30° + \angle OAC = 90°$ 이므로
　$\angle OAC = 40°$
　$\angle OAB = \angle OBA = 20°$
$\qquad \therefore\ \angle x = 20° + 40° = 60°$

(5)

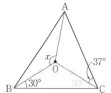

$\angle OCB = \angle OBC = 30°$ 이므로

$\angle BCA = 30° + 37° = 67°$

$\therefore \ \angle x = 2 \times 67° = 134°$

(6)

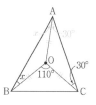

$\angle BAC = \dfrac{1}{2} \times 110° = 55°$

$\angle OAC = \angle OCA = 30°$ 이고

$\angle OAB = \angle OBA = \angle x$ 이므로

$\angle x + 30° = 55°$

$\therefore \ \angle x = 25°$

04

(1)

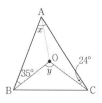

$\overline{OA}$ 를 그으면

$\angle OAB = \angle OBA = 35°$

$\angle OAC = \angle OCA = 24°$ 이므로

$\angle x = 35° + 24° = 59°$

$\therefore \ \angle y = 2 \times 59° = 118°$

(2)

$\overline{OB}$ 를 그으면

$\angle OBA = \angle OAB = 28°$

$\angle OBC = \angle OCB = 42°$ 이므로

$\angle x = 28° + 42° = 70°$

$\therefore \ \angle y = 2 \times 70° = 140°$

42 삼각형의 내심

01 ㄱ, ㅂ

02 (1) 30°   (2) 128°   (3) 122°

03 (1) $\angle x = 130°$, $\angle y = 26°$

   (2) $\angle x = 125°$, $\angle y = 29°$

04 (1) 7   (2) 8

05 50 cm

06 (1) 2 cm   (2) 3 cm

01

ㄱ. 점 P에서 세 변에 이르는 거리가 모두 같으
  므로 내심이다.

ㅂ. 점 P는 세 내각의 이등분선의 교점이므로
  내심이다.

따라서 점 P가 내심인 것은 ㄱ, ㅂ이다.

02

(1) $\angle x + 18° + 42° = 90°$ $\therefore \ \angle x = 30°$

(2) $\angle x = 90° + \dfrac{1}{2} \times 76° = 128°$

(3) $\angle BAC = 2 \times 32° = 64°$ 이므로

   $\angle x = 90° + \dfrac{1}{2} \times 64° = 122°$

03

(1)

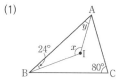

$\angle x = 90° + \dfrac{1}{2} \times 80° = 130°$

$\triangle IAB$ 에서

$\angle y + 24° + 130° = 180°$

$\angle y + 154° = 180°$

$\therefore \ \angle y = 26°$

(2)

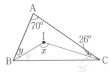

$$\angle x = 90° + \frac{1}{2} \times 70° = 125°$$

$\angle IBC = \angle IBA = \angle y$,

$\angle ICB = \angle ICA = 26°$ 이므로

$\triangle IBC$ 에서

$\angle y + 125° + 26° = 180°$

$\angle y + 151° = 180°$ $\quad \therefore \quad \angle y = 29°$

(1)

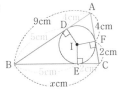

$\overline{CE} = \overline{CF} = 2\,(\mathrm{cm})$,

$\overline{AD} = \overline{AF} = 4\,(\mathrm{cm})$ 이므로

$\overline{BE} = \overline{BD} = 9 - 4 = 5\,(\mathrm{cm})$

$\quad \therefore \quad \overline{BC} = 5 + 2 = 7\,(\mathrm{cm})$, 즉 $x = 7$

(2)

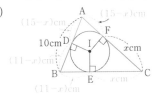

$\overline{CE} = \overline{CF} = x\,(\mathrm{cm})$ 이므로

$\overline{BD} = \overline{BE} = 11 - x\,(\mathrm{cm})$,

$\overline{AD} = \overline{AF} = 15 - x\,(\mathrm{cm})$

$\overline{AB} = \overline{AD} + \overline{BD}$ 에서

$10 = (15 - x) + (11 - x)$

$10 = 26 - 2x$

$2x = 16$ $\quad \therefore \quad x = 8$

05

$$75 = \frac{1}{2} \times 3 \times (\overline{AB} + \overline{BC} + \overline{CA})$$

$$\therefore \ \overline{AB} + \overline{BC} + \overline{CA} = 50\,(\mathrm{cm})$$

06
(1)

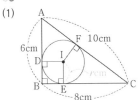

$$\triangle ABC = \frac{1}{2} \times 8 \times 6 = 24\,(\mathrm{cm}^2)$$

내접원 I의 반지름의 길이를 $r\,\mathrm{cm}$ 라 하면

$$24 = \frac{1}{2} \times r \times (6 + 8 + 10)$$

$\therefore \ r = 2$

따라서 내접원 I의 반지름의 길이는 $2\,\mathrm{cm}$ 이다.

(2)

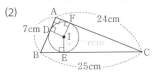

$$\triangle ABC = \frac{1}{2} \times 7 \times 24 = 84\,(\mathrm{cm}^2)$$

내접원 I의 반지름의 길이를 $r\,\mathrm{cm}$ 라 하면

$$84 = \frac{1}{2} \times r \times (7 + 24 + 25)$$

$\therefore \ r = 3$

따라서 내접원 I의 반지름의 길이는 $3\,\mathrm{cm}$ 이다.

43 삼각형의 무게중심

01 (1) $x = 13$, $y = 16$

   (2) $x = 6$, $y = 9$

   (3) $x = \dfrac{7}{2}$, $y = 8$

   (4) $x = 6$, $y = 6$

   (5) $x = 8$, $y = 6$

   (6) $x = 10$, $y = 20$

02 (1) $3\,\mathrm{cm}^2$ (2) $60\,\mathrm{cm}^2$ (3) $7\,\mathrm{cm}^2$

01

(1) $\overline{BD} = \overline{DC} = 13\,(\text{cm})$ $\therefore x = 13$

$\overline{AG} = \dfrac{2}{3}\overline{AD} = \dfrac{2}{3} \times 24 = 16\,(\text{cm})$

   $\therefore y = 16$

(2) $\overline{DC} = \dfrac{1}{2}\overline{BC} = \dfrac{1}{2} \times 12 = 6\,(\text{cm})$

   $\therefore x = 6$

$\overline{BE} = \dfrac{3}{2}\overline{BG} = \dfrac{3}{2} \times 6 = 9\,(\text{cm})$

   $\therefore y = 9$

(3) $\overline{GE} = \dfrac{1}{2}\overline{BG} = \dfrac{1}{2} \times 7 = \dfrac{7}{2}\,(\text{cm})$

   $\therefore x = \dfrac{7}{2}$

$\overline{AG} = \dfrac{2}{3}\overline{AD} = \dfrac{2}{3} \times 12 = 8\,(\text{cm})$

   $\therefore y = 8$

(4)

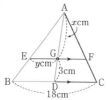

$\overline{AG} = 2\overline{GD} = 2 \times 3 = 6\,(\text{cm})$

   $\therefore x = 6$

$\overline{BD} = \dfrac{1}{2}\overline{BC} = \dfrac{1}{2} \times 18 = 9\,(\text{cm})$ 이고

△ABD 에서

$\overline{AG} : \overline{AD} = \overline{EG} : \overline{BD}$ 이므로

$2 : 3 = y : 9$, $3y = 18$ $\therefore y = 6$

(5)

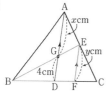

$\overline{AG} = 2\overline{GD} = 2 \times 4 = 8\,(\text{cm})$

   $\therefore x = 8$

△BFE 에서

$\overline{BG} : \overline{BE} = \overline{DG} : \overline{FE}$ 에서

$2 : 3 = 4 : y$, $2y = 12$ $\therefore y = 6$

(6)

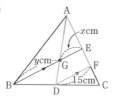

△ADF 에서

$\overline{AG} : \overline{AD} = \overline{GE} : \overline{DF}$ 이므로

$2 : 3 = x : 15$, $3x = 30$

   $\therefore x = 10$

$\overline{BG} = 2\overline{GE} = 2 \times 10 = 20\,(\text{cm})$

   $\therefore y = 20$

02

(1) $\triangle AEC = \dfrac{1}{2}\triangle ABC$

         $= \dfrac{1}{2} \times 36 = 18\,(\text{cm}^2)$

$\triangle ECD = \dfrac{1}{2}\triangle AEC = \dfrac{1}{2} \times 18 = 9\,(\text{cm}^2)$

   $\therefore \triangle EGD = \dfrac{1}{3}\triangle ECD$

             $= \dfrac{1}{3} \times 9 = 3\,(\text{cm}^2)$

(2) $\triangle ECD = 3\triangle EGD = 3 \times 5 = 15\,(\text{cm}^2)$

$\triangle AEC = 2\triangle ECD = 2 \times 15 = 30\,(\text{cm}^2)$

   $\therefore \triangle ABC = 2\triangle AEC$

           $= 2 \times 30 = 60\,(\text{cm}^2)$

(3) $\triangle GCD = \dfrac{1}{2}\triangle GBC$

          $= \dfrac{1}{2} \times 28 = 14\,(\text{cm}^2)$

   $\therefore \triangle EGD = \dfrac{1}{2}\triangle GCD$

           $= \dfrac{1}{2} \times 14 = 7\,(\text{cm}^2)$

01 (1) $3\sqrt{5}$ (2) $4\sqrt{3}$ (3) $\sqrt{11}$

02 (1) $x=9$, $y=3\sqrt{7}$

     (2) $x=13$, $y=3\sqrt{17}$

     (3) $x=15$, $y=25$

03 (1) 5   (2) 10

04 (1) $\sqrt{13}$ (2) $7\sqrt{2}$ (3) $2\sqrt{10}$

     (4) $\sqrt{2}$

01

(1) $x=\sqrt{6^2+3^2}=\sqrt{45}=3\sqrt{5}$

(2) $x=\sqrt{13^2-11^2}=\sqrt{48}=4\sqrt{3}$

(3) $3x=\sqrt{10^2-1^2}=\sqrt{99}=3\sqrt{11}$

    $\therefore x=\sqrt{11}$

02

(1) $\triangle\mathrm{ABD}$에서 $x=\sqrt{15^2-12^2}=\sqrt{81}=9$

    $\triangle\mathrm{ACD}$에서

    $y=\sqrt{12^2-9^2}=\sqrt{63}=3\sqrt{7}$

(2) $\triangle\mathrm{ACD}$에서 $x=\sqrt{5^2+12^2}=\sqrt{169}=13$

    $\triangle\mathrm{ABC}$에서

    $y=\sqrt{13^2-4^2}=\sqrt{153}=3\sqrt{17}$

(3) $\triangle\mathrm{ADC}$에서 $x=\sqrt{17^2-8^2}=\sqrt{225}=15$

    $\triangle\mathrm{ABC}$에서

    $y=\sqrt{(12+8)^2+15^2}=\sqrt{625}=25$

03

(1) $13=\sqrt{12^2+x^2}$, 즉 $13^2=12^2+x^2$에서

    $x^2=25$ $\therefore x=5$ ($\because x>0$)

(2) $10\sqrt{2}=\sqrt{2}\,x$ $\therefore x=10$

04

(1) $\overline{\mathrm{PQ}}=\sqrt{(-2)^2+3^2}=\sqrt{13}$

(2) $\overline{\mathrm{PQ}}=\sqrt{7^2+(-7)^2}=\sqrt{98}=7\sqrt{2}$

(3) $\overline{\mathrm{PQ}}=\sqrt{(2-4)^2+(-5-1)^2}$

     $=\sqrt{40}=2\sqrt{10}$

(4) $\overline{\mathrm{PQ}}=\sqrt{\{-2-(-3)\}^2+\{-5-(-6)\}^2}$

     $=\sqrt{2}$

01 (1) $\dfrac{12}{13}$ (2) $\dfrac{5}{13}$ (3) $\dfrac{12}{5}$

     (4) $\dfrac{5}{13}$ (5) $\dfrac{12}{13}$ (6) $\dfrac{5}{12}$

02 (1) $\dfrac{3}{2}$ (2) $\dfrac{\sqrt{3}}{2}$ (3) $\dfrac{\sqrt{6}}{4}$

     (4) 1   (5) $\dfrac{7}{4}$ (6) 12

03 (1) $x=12$, $y=6\sqrt{3}$

     (2) $x=8$, $y=8\sqrt{3}$

     (3) $x=4$, $y=4\sqrt{3}$

     (4) $x=\sqrt{6}$, $y=2\sqrt{2}$

04 (1) 24   (2) $9\sqrt{3}$ (3) $\dfrac{21\sqrt{3}}{2}$

     (4) 20

01

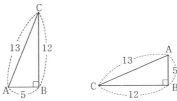

(1) $\sin A=\dfrac{12}{13}$ (4) $\sin C=\dfrac{5}{13}$

(2) $\cos A=\dfrac{5}{13}$ (5) $\cos C=\dfrac{12}{13}$

(3) $\tan A=\dfrac{12}{5}$ (6) $\tan C=\dfrac{5}{12}$

02

(1) $\sin 30°+\tan 45°=\dfrac{1}{2}+1=\dfrac{3}{2}$

(2) $\tan 60°-\cos 30°=\sqrt{3}-\dfrac{\sqrt{3}}{2}=\dfrac{\sqrt{3}}{2}$

(3) $\sin 60°\times\cos 45°=\dfrac{\sqrt{3}}{2}\times\dfrac{\sqrt{2}}{2}=\dfrac{\sqrt{6}}{4}$

(4) $\cos^2 60° + \sin^2 60°$

$$= \left(\frac{1}{2}\right)^2 + \left(\frac{\sqrt{3}}{2}\right)^2 = \frac{1}{4} + \frac{3}{4} = 1$$

(5) $\sin 60° \times \cos 30° + \tan 45°$

$$= \frac{\sqrt{3}}{2} \times \frac{\sqrt{3}}{2} + 1$$

$$= \frac{3}{4} + 1 = \frac{7}{4}$$

(6) $(\cos 90° - 2)(\tan 0° - 3)(\sin 90° + 1)$

$$= (0-2)(0-3)(1+1)$$

$$= (-2) \times (-3) \times 2 = 12$$

03

(1) $\sin 30° = \dfrac{6}{x}$ 에서 $\dfrac{1}{2} = \dfrac{6}{x}$ $\quad \therefore \ x = 12$

$\tan 30° = \dfrac{6}{y}$ 에서 $\dfrac{\sqrt{3}}{3} = \dfrac{6}{y}$

$\therefore \ y = 6\sqrt{3}$

(2) $\cos 60° = \dfrac{x}{16}$ 에서 $\dfrac{1}{2} = \dfrac{x}{16}$ $\quad \therefore \ x = 8$

$\sin 60° = \dfrac{y}{16}$ 에서 $\dfrac{\sqrt{3}}{2} = \dfrac{y}{16}$

$\therefore \ y = 8\sqrt{3}$

(3) $\tan 45° = \dfrac{x}{4}$ 에서 $1 = \dfrac{x}{4}$ $\quad \therefore \ x = 4$

$\tan 30° = \dfrac{x}{y} = \dfrac{4}{y}$ 에서 $\dfrac{\sqrt{3}}{3} = \dfrac{4}{y}$

$\therefore \ y = 4\sqrt{3}$

(4) $\tan 45° = \dfrac{x}{\sqrt{6}}$ 에서 $1 = \dfrac{x}{\sqrt{6}}$

$\therefore \ x = \sqrt{6}$

$\sin 60° = \dfrac{x}{y} = \dfrac{\sqrt{6}}{y}$ 에서 $\dfrac{\sqrt{3}}{2} = \dfrac{\sqrt{6}}{y}$

$\therefore \ y = 2\sqrt{2}$

04

(1) $\triangle ABC = \dfrac{1}{2} \times 8 \times 12 \times \sin 30°$

$$= \dfrac{1}{2} \times 8 \times 12 \times \dfrac{1}{2} = 24$$

(2) $\triangle ABC = \dfrac{1}{2} \times 4 \times 9 \times \sin 60°$

$$= \dfrac{1}{2} \times 4 \times 9 \times \dfrac{\sqrt{3}}{2} = 9\sqrt{3}$$

(3) $\triangle ABC = \dfrac{1}{2} \times 7 \times 6 \times \sin(180° - 120°)$

$$= \dfrac{1}{2} \times 7 \times 6 \times \dfrac{\sqrt{3}}{2} = \dfrac{21\sqrt{3}}{2}$$

(4) $\triangle ABC$

$$= \dfrac{1}{2} \times 5 \times 8\sqrt{2} \times \sin(180° - 135°)$$

$$= \dfrac{1}{2} \times 5 \times 8\sqrt{2} \times \dfrac{\sqrt{2}}{2} = 20$$

46 여러 가지 사각형

01 (1) $x = 11$, $y = 9$ (2) $x = 75$, $y = 55$
     (3) $x = 8$, $y = 6$

02 (1) 2   (2) 84

03 (1) $x = 5$, $y = 50$
     (2) $x = 15$, $y = 150$

04 (1) $x = 6$, $y = 45$ (2) $x = 45$, $y = 9$

01

(1) $\overline{AD} = \overline{BC}$ 이므로 $13 = x + 2$ $\quad \therefore \ x = 11$

$\overline{AB} = \overline{DC}$ 이므로 $8 = y - 1$ $\quad \therefore \ y = 9$

(2) $\angle B = \angle D = 75°$ 이므로 $x = 75$

$\triangle ABC$ 에서

$\angle BAC + 75° + 50° = 180°$

$\therefore \ \angle BAC = 55°$, 즉 $y = 55$

(3) $\overline{OA} = \overline{OC}$ 이므로 $6 = x - 2$ $\quad \therefore \ x = 8$

$\overline{OB} = \overline{OD}$ 이므로 $2y - 5 = 7$

$2y = 12$ $\quad \therefore \ y = 6$

02

(1) $\overline{OB} = \overline{OC}$ 이므로 $5x - 5 = 9 - 2x$

$7x = 14$ $\quad \therefore \ x = 2$

(2) $\triangle OBC$ 에서 $\overline{OB} = \overline{OC}$ 이므로

$\angle OCB = \angle OBC = 42°$

$\therefore \ \angle DOC = 42° + 42° = 84°$, 즉 $x = 84$

03

(1) $\overline{AB} = \overline{AD} = 5\,(\text{cm})$ $\quad \therefore \ x = 5$

△BCA에서 $\overline{BA} = \overline{BC}$ 이므로

$\angle BCA = \angle BAC = 50°$ $\quad \therefore y = 50$

(2) $\overline{AB} = \overline{AD}$ 이므로

$\angle ABD = \dfrac{1}{2} \times (180° - 150°) = 15°$

$\therefore x = 15$

$\angle C = \angle A = 150°$ 이므로 $y = 150$

04

(1) $\overline{BD} = \overline{AC} = 2\overline{OA} = 2 \times 3 = 6 \, (\text{cm})$

$\therefore x = 6$

$\angle AOB = 90°$ 이고 $\overline{OA} = \overline{OB}$ 이므로

$\angle BAO = 45°$ $\quad \therefore y = 45$

(2) $\angle BOC = 90°$ 이고 $\overline{OB} = \overline{OC}$ 이므로

$\angle OCB = 45°$ $\quad \therefore x = 45$

$\overline{OA} = \dfrac{1}{2}\overline{AC} = \dfrac{1}{2} \times 18 = 9 \, (\text{cm})$

$\therefore y = 9$

---

47 원과 부채꼴

01 (1) 5　　　(2) 135　　　(3) 45

02 (1) 36π　　(2) 60　　　(3) 102

03 (1) 5　　　(2) 20

04 (1) $l = 6\pi \, \text{cm}$, $S = 9\pi \, \text{cm}^2$

　　(2) $l = 10\pi \, \text{cm}$, $S = 25\pi \, \text{cm}^2$

05 (1) 8 cm　　(2) 10 cm

06 (1) $l = 2\pi \, \text{cm}$, $S = 6\pi \, \text{cm}^2$

　　(2) $l = \dfrac{80}{9}\pi \, \text{cm}$, $S = \dfrac{320}{9}\pi \, \text{cm}^2$

　　(3) $l = 5\pi \, \text{cm}$, $S = 25\pi \, \text{cm}^2$

07 (1) $9\pi \, \text{cm}^2$　　(2) $54\pi \, \text{cm}^2$

01

(1) $40° : 120° = x : 15$ 이므로

$1 : 3 = x : 15$ $\quad \therefore x = 5$

(2) $x° : 60° = 9\pi : 4\pi$ 이므로

$x : 60 = 9 : 4$ $\quad \therefore x = 135$

(3) $45° : x° = 4 : 4$ 이므로

$45° : x° = 1 : 1$ $\quad \therefore x = 45$

02

(1) $60° : 80° = 27\pi : x$ 이므로

$3 : 4 = 27\pi : x$ $\quad \therefore x = 36\pi$

(2) $x° : 105° = 8 : 14$ 이므로

$x° : 105° = 4 : 7$ $\quad \therefore x = 60$

(3) $x° : 85° = 18\pi : 15\pi$ 이므로

$x° : 85° = 6 : 5$ $\quad \therefore x = 102$

03

(1) 원 O에서 두 부채꼴 AOB, COD의 중심

각의 크기는 55°로 같으므로

현의 길이 $\overline{CD} = \overline{AB} = 5 \, (\text{cm})$로 같다.

$\therefore x = 5$

(2) 원 O에서

현의 길이 $\overline{AB} = \overline{CD} = 4 \, (\text{cm})$로 같으므로

두 부채꼴 AOB, COD의 중심각의 크기는

20°로 같다. $\quad \therefore x = 20$

04

(1) $l = 2\pi \times 3 = 6\pi \, (\text{cm})$

$S = \pi \times 3^2 = 9\pi \, (\text{cm}^2)$

(2) $l = 2\pi \times 5 = 10\pi \, (\text{cm})$

$S = \pi \times 5^2 = 25\pi \, (\text{cm}^2)$

05

(1) 구하려는 원의 반지름의 길이를 $r \, \text{cm}$라 하면

$2\pi r = 16\pi$ $\quad \therefore r = 8 \, (\text{cm})$

(2) 구하려는 원의 반지름의 길이를 $r \, \text{cm}$라 하면

$\pi r^2 = 100\pi$, $r^2 = 100$ $\quad \therefore r = 10 \, (\text{cm})$

06

(1) $l = 2\pi \times 6 \times \dfrac{60}{360} = 2\pi \, (\text{cm})$

$S = \pi \times 6^2 \times \dfrac{60}{360} = 6\pi \, (\text{cm}^2)$

(2) 부채꼴의 중심각의 크기는

$360° - 160° = 200°$ 이므로

$l = 2\pi \times 8 \times \dfrac{200}{360} = \dfrac{80}{9}\pi \, (\text{cm})$

$S = \pi \times 8^2 \times \dfrac{200}{360} = \dfrac{320}{9}\pi \, (\text{cm}^2)$

(3) $l = 2\pi \times 10 \times \dfrac{90}{360} = 5\pi \,(\text{cm})$

$S = \pi \times 10^2 \times \dfrac{90}{360} = 25\pi \,(\text{cm}^2)$

07

(1) $S = \dfrac{1}{2} \times 6 \times 3\pi = 9\pi \,(\text{cm}^2)$

(2) $S = \dfrac{1}{2} \times 9 \times 12\pi = 54\pi \,(\text{cm}^2)$

---

48 원과 직선

01 (1) 7　　(2) 6　　(3) $6\sqrt{5}$
　　(4) $3\sqrt{10}$
02 (1) 6　　(2) 24　　(3) $2\sqrt{10}$
03 (1) 50°　(2) 70°
04 (1) 54　　(2) 52　　(3) 5
05 (1) 15 cm　(2) $4\sqrt{6}$ cm

01

(1) $\overline{OM} \perp \overline{AB}$ 이므로
$\overline{AB} = 2\overline{AM} = 2 \times 3.5 = 7 \,(\text{cm})$
$\therefore\ x = 7$

(2) $\overline{OM} \perp \overline{AB}$ 이므로
$\overline{AM} = \dfrac{1}{2}\overline{AB} = \dfrac{1}{2} \times 16 = 8 \,(\text{cm})$
$\triangle OAM$에서
$\overline{OM} = \sqrt{10^2 - 8^2} = \sqrt{36} = 6 \,(\text{cm})$
$\therefore\ x = 6$

(3) $\triangle OBM$에서
$\overline{BM} = \sqrt{9^2 - 6^2} = \sqrt{45} = 3\sqrt{5} \,(\text{cm})$
$\overline{OM} \perp \overline{AB}$ 이므로
$\overline{AB} = 2\overline{BM} = 2 \times 3\sqrt{5} = 6\sqrt{5} \,(\text{cm})$
$\therefore\ x = 6\sqrt{5}$

(4) $\overline{OM} \perp \overline{AB}$ 이므로
$\overline{BM} = \dfrac{1}{2}\overline{AB} = \dfrac{1}{2} \times 18 = 9 \,(\text{cm})$
$\triangle OBM$에서

$\overline{OB} = \sqrt{9^2 + 3^2} = \sqrt{90} = 3\sqrt{10} \,(\text{cm})$
$\therefore\ x = 3\sqrt{10}$

02

(1) $\overline{OM} = \overline{ON}$ 이므로
$\overline{CD} = \overline{AB} = 2\overline{AM} = 2 \times 3 = 6$
$\therefore\ x = 6$

(2) $\triangle OAM$에서
$\overline{AM} = \sqrt{15^2 - 9^2} = \sqrt{144} = 12$
$\overline{OM} \perp \overline{AB}$ 이므로
$\overline{AB} = 2\overline{AM} = 2 \times 12 = 24$
$\overline{OM} = \overline{ON}$ 이므로 $\overline{CD} = \overline{AB} = 24$
$\therefore\ x = 24$

(3) $\overline{CD} = 2\overline{DN} = 2 \times 6 = 12$
즉 $\overline{CD} = \overline{AB}$ 이므로 $\overline{OM} = \overline{ON} = 2$
$\overline{AM} = \dfrac{1}{2}\overline{AB} = \dfrac{1}{2} \times 12 = 6$
$\triangle OAM$에서
$\overline{OA} = \sqrt{6^2 + 2^2} = \sqrt{40} = 2\sqrt{10}$
$\therefore\ x = 2\sqrt{10}$

03

(1) $\overline{OM} = \overline{ON}$ 이므로 $\overline{AB} = \overline{AC}$
즉 $\triangle ABC$는 $\overline{AB} = \overline{AC}$ 인 이등변삼각형이
므로 $\angle x = \dfrac{1}{2} \times (180° - 80°) = 50°$

(2) $\overline{OM} = \overline{ON}$ 이므로 $\overline{AB} = \overline{AC}$
즉 $\triangle ABC$는 $\overline{AB} = \overline{AC}$ 인 이등변삼각형이
므로 $\angle C = \angle B = 55°$
$\therefore\ \angle x = 180° - (55° + 55°) = 70°$

04

(1) $\overline{PA} = \overline{PB}$ 이므로 $\triangle PAB$에서
$\angle PAB = \dfrac{1}{2} \times (180° - 72°) = 54°$
$\therefore\ x = 54$

(2) $\overline{PA} = \overline{PB}$ 이므로 $\triangle PBA$에서
$\angle PBA = \angle PAB = 64°$
$\therefore\ \angle APB = 180° - (64° + 64°) = 52°$
$\therefore\ x = 52$

(3) $\overline{PA} = \overline{PB}$ 이고 $\angle APB = 60°$ 이므로
$\triangle ABP$는 한 변의 길이가 $5 \, \text{cm}$ 인 정삼각형
이다.
$\therefore \, x = 5$

05
(1) $\triangle APO$ 에서 $\angle PAO = 90°$ 이므로
$\overline{PA} = \sqrt{17^2 - 8^2} = \sqrt{225} = 15 \, (\text{cm})$
$\therefore \, \overline{PB} = \overline{PA} = 15 \, (\text{cm})$
(2) $\overline{OC} = \overline{OA} = 5 \, \text{cm}$ 이므로
$\overline{PO} = 6 + 5 = 11 \, (\text{cm})$
$\angle OAP = 90°$ 이므로 $\triangle PAO$ 에서
$\overline{PA} = \sqrt{11^2 - 5^2} = \sqrt{96} = 4\sqrt{6} \, (\text{cm})$
$\therefore \, \overline{PB} = \overline{PA} = 4\sqrt{6} \, (\text{cm})$

---

49 원주각

01 (1) $74°$ (2) $120°$ (3) $28°$ (4) $125°$
02 (1) $\angle x = 32°$, $\angle y = 64°$
(2) $\angle x = 41°$, $\angle y = 45°$
(3) $\angle x = 27°$, $\angle y = 73°$
(4) $\angle x = 35°$, $\angle y = 83°$
03 (1) $29°$ (2) $66°$ (3) $45°$
04 (1) 10 (2) 100 (3) $\dfrac{21}{2}$
05 (1) 27 (2) 84

01
(1) $\angle x = 2 \angle APB = 2 \times 37° = 74°$
(2) $\angle x = \dfrac{1}{2} \times 240° = 120°$
(3) $\angle x = \dfrac{1}{2} \times 56° = 28°$
(4) $\angle x = \dfrac{1}{2} \times (360° - \angle BOC)$
$= \dfrac{1}{2} \times (360° - 110°) = 125°$

02
(1) $\angle x = \angle AQB = 32° \, (\overparen{AB}$ 에 대한 원주각$)$
$\angle y = 2 \times 32° = 64°$

(2) $\angle x = \angle APB = 41° \, (\overparen{AB}$ 에 대한 원주각$)$
$\angle y = \angle PBQ = 45° \, (\overparen{PQ}$ 에 대한 원주각$)$
(3) $\angle x = \angle CAB = 27° \, (\overparen{CB}$ 에 대한 원주각$)$
$\triangle PBD$ 에서 $\angle y = 100° - \angle x = 73°$
(4) $\angle x = \angle ADC = 35° \, (\overparen{AC}$ 에 대한 원주각$)$
이므로 $\triangle PCB$ 에서
$\angle y = 48° + \angle x$
$= 48° + 35° = 83°$

03
(1) $\overline{AB}$ 가 원 O 의 지름이므로 $\angle ACB = 90°$
$\triangle CAB$ 에서
$\angle x = 180° - (90° + 61°) = 29°$
(2) $\overline{AB}$ 가 원 O 의 지름이므로 $\angle ACB = 90°$
$\triangle CAB$ 에서
$\angle x = 180° - (90° + 24°) = 66°$
(3) $\overline{AB}$ 가 원 O 의 지름이므로 $\angle ACB = 90°$
이때 $\overline{AC} = \overline{BC}$ 이므로 $\triangle CAB$ 에서
$\angle x = \dfrac{1}{2} \times (180° - 90°) = 45°$

04
(1) $\overparen{AB} : \overparen{BC} = \angle APB : \angle BPC$ 이므로
$4 : x = 30° : 75°$, $4 : x = 2 : 5$
$\therefore \, x = 10$
(2) $\overparen{AB} : \overparen{AC} = \angle APB : \angle AQC$ 이므로
$3 : (3 + 12) = 20° : x°$, $1 : 5 = 20 : x$
$\therefore \, x = 100$
(3) $\overparen{AB} : \overparen{AC} = \angle APB : \angle AQC$ 이므로
$7 : (7 + x) = 20° : 50°$
$7 : (7 + x) = 2 : 5$
$2(7 + x) = 35$, $2x = 21$ $\therefore \, x = \dfrac{21}{2}$

05
(1)

$$\angle \text{AQB} = \frac{1}{2} \angle \text{AOB} = 54°$$

이때 $\angle \text{CPD} : \angle \text{AQB} = \overset{\frown}{\text{CD}} : \overset{\frown}{\text{AB}}$에서

$x° : 54° = 4 : 8$, $x : 54 = 1 : 2$

$\therefore x = 27$

(2) 오른쪽 그림에서
$\overset{\frown}{\text{CD}}$에 대한 중심
각의 크기가 42°
이므로 원주각의
크기는 $\frac{1}{2} \times 42° = 21°$
이다.

즉 $\angle \text{CQD} = 21°$이므로

$\overset{\frown}{\text{AB}} : \overset{\frown}{\text{CD}} = \angle \text{APB} : \angle \text{CQD}$에서

$16 : 4 = x° : 21°$, $4 : 1 = x : 21$

$\therefore x = 84$

---

50 입체도형의 겉넓이와 부피

01 (1) $232\,\text{cm}^2$ (2) $140\pi\,\text{cm}^2$

    (3) $240\,\text{cm}^2$ (4) $48\pi\,\text{cm}^2$

02 (1) $180\,\text{cm}^3$ (2) $63\pi\,\text{cm}^3$

    (3) $21\,\text{cm}^3$ (4) $75\pi\,\text{cm}^3$

03 (1) 겉넓이 : $400\pi\,\text{cm}^2$, 부피 : $\dfrac{4000}{3}\pi\,\text{cm}^3$

    (2) 겉넓이 : $108\pi\,\text{cm}^2$, 부피 : $144\pi\,\text{cm}^3$

01

(1) (밑넓이)$= 7 \times 8 = 56\,(\text{cm}^2)$

(옆넓이)$= (7+8+7+8) \times 4 = 120\,(\text{cm}^2)$

$\therefore$ (겉넓이)$= 56 \times 2 + 120 = 232\,(\text{cm}^2)$

(2) (밑넓이)$= \pi \times 5^2 = 25\pi\,(\text{cm}^2)$

(옆넓이)$= (2\pi \times 5) \times 9 = 90\pi\,(\text{cm}^2)$

$\therefore$ (겉넓이)$= 25\pi \times 2 + 90\pi$
$= 140\pi\,(\text{cm}^2)$

(3) (밑넓이)$= 10 \times 10 = 100\,(\text{cm}^2)$

(옆넓이)$= \left(\frac{1}{2} \times 10 \times 7\right) \times 4 = 140\,(\text{cm}^2)$

$\therefore$ (겉넓이)$= 100 + 140 = 240\,(\text{cm}^2)$

(4) (밑넓이)$= \pi \times 4^2 = 16\pi\,(\text{cm}^2)$

(옆넓이)$= \frac{1}{2} \times 8 \times 8\pi = 32\pi\,(\text{cm}^2)$

$\therefore$ (겉넓이)$= 16\pi + 32\pi = 48\pi\,(\text{cm}^2)$

02

(1) (밑넓이)$= \frac{1}{2} \times 5 \times 8 = 20\,(\text{cm}^2)$

(높이)$= 9\,\text{cm}$

$\therefore$ (부피)$= 20 \times 9 = 180\,(\text{cm}^3)$

(2) (밑넓이)$= \pi \times 3^2 = 9\pi\,(\text{cm}^2)$

(높이)$= 7\,\text{cm}$

$\therefore$ (부피)$= 9\pi \times 7 = 63\pi\,(\text{cm}^3)$

(3) (밑넓이)$= \frac{1}{2} \times 3 \times 7 = \frac{21}{2}\,(\text{cm}^2)$

(높이)$= 6\,\text{cm}$

$\therefore$ (부피)$= \frac{1}{3} \times \frac{21}{2} \times 6 = 21\,(\text{cm}^3)$

(4) (밑넓이)$= \pi \times 5^2 = 25\pi\,(\text{cm}^2)$

(높이)$= 9\,\text{cm}$

$\therefore$ (부피)$= \frac{1}{3} \times 25\pi \times 9 = 75\pi\,(\text{cm}^3)$

03

(1) 구의 반지름의 길이가

$\frac{1}{2} \times 20 = 10\,(\text{cm})$이므로

(겉넓이)$= 4\pi \times 10^2 = 400\pi\,(\text{cm}^2)$

(부피)$= \frac{4}{3}\pi \times 10^3 = \frac{4000}{3}\pi\,(\text{cm}^3)$

(2) (단면의 넓이)$= \pi \times 6^2 = 36\pi\,(\text{cm}^2)$

(곡면의 넓이)$= 4\pi \times 6^2 \times \frac{1}{2} = 72\pi\,(\text{cm}^2)$

이므로

(겉넓이)$= 36\pi + 72\pi = 108\pi\,(\text{cm}^2)$

(부피)$= \frac{4}{3}\pi \times 6^3 \times \frac{1}{2} = 144\pi\,(\text{cm}^3)$

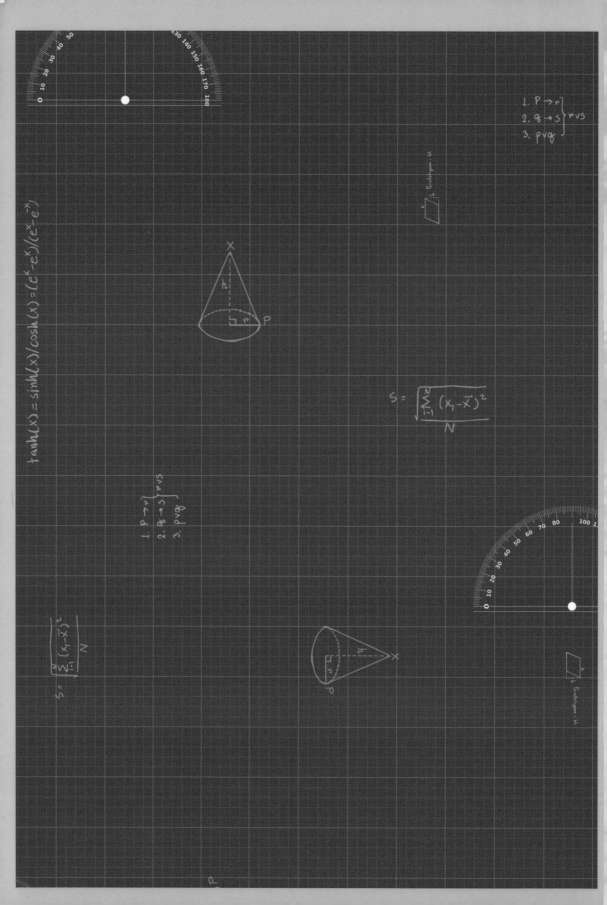